Facial Treatment

# 페이셜 트리트먼트

이인희 · 박의현 · 차유미 · 임새미

메디시안

# 머 리 말

최근 삶의 질을 추구하는 성향이 증가함에 따라 건강한 아름다움을 추구하려는 수요가 크게 증가하고 있습니다. 이로 인하여 다양한 뷰티 산업 분야 중에서도 특히 피부미용 분야의 성장세가 두드러지고 있습니다.

피부미용은 피부에 대한 전문적인 이해와 폭넓은 지식, 숙련된 기술을 바탕으로 고객과의 상담을 통하여 피부 유형과 문제점을 파악하고 적합한 관리를 적용하여 피부를 건강하고 아름답게 유지시키는 전문화된 영역입니다. 따라서 피부미용은 체계적인 이론을 바탕으로 전문적인 지식과 함께 실제 현장에서 요구하는 실무 역량을 갖추는 것이 매우 중요합니다.

페이셜 트리트먼트는 피부미용 분야의 가장 기초가 되는 필수과목으로, 피부에 대한 핵심적인 개념을 바탕으로 전문적인 기술을 함양할 수 있도록 이 책을 집필하였습니다.

본 교재는 피부미용에 관한 기초 개념을 쉽게 이해하고 나아가 피부관리 실습 과정을 통하여 실전 테크닉을 빠르고 정확하게 익힐 수 있도록 크게 3가지 파트로 구성하였습니다. **기초 피부관리 이론**에서는 피부의 구조 및 기능에 대한 이론적 지식과 함께 피부분석 및 관리계획 수립을 위해 요구되는 개념을 정리하였으며, **기초 피부관리 실기**에서는 관리 전 기본 준비사항과 상세한 테크닉 순서 및 기법에 대하여 사진과 함께 나열하여 쉽게 이해할 수 있도록 구성하였습니다. 또한 마지막 **부록**을 통해 앞서 체득한 내용에 대하여 학습자 스스로 정리할 수 있도록 하였습니다.

미흡한 부분은 향후 수정 및 보완할 것을 약속하며, 본 교재가 피부미용을 전공하는 학생들을 비롯하여 피부미용 분야의 교육을 담당하는 분들께 많은 도움이 되길 바랍니다. 끝으로 이 책을 출판하기까지 함께 해주신 집필자분들과 ㈜지구문화사/메디시언 임직원분들께 깊은 감사의 인사를 드립니다.

임인년 따뜻한 봄을 기다리며

저자 대표 이인희

# 차례

# 차례

PART Ⅰ 기초 피부관리 이론

# PART Ⅰ

## 기초 피부관리 이론

1. 피부 이론
2. 에스테틱 개론
3. 피부 분석 및 유형에 따른 관리계획표 작성

*Chapter 1*

# 피부 이론

## 1. 피부의 구조

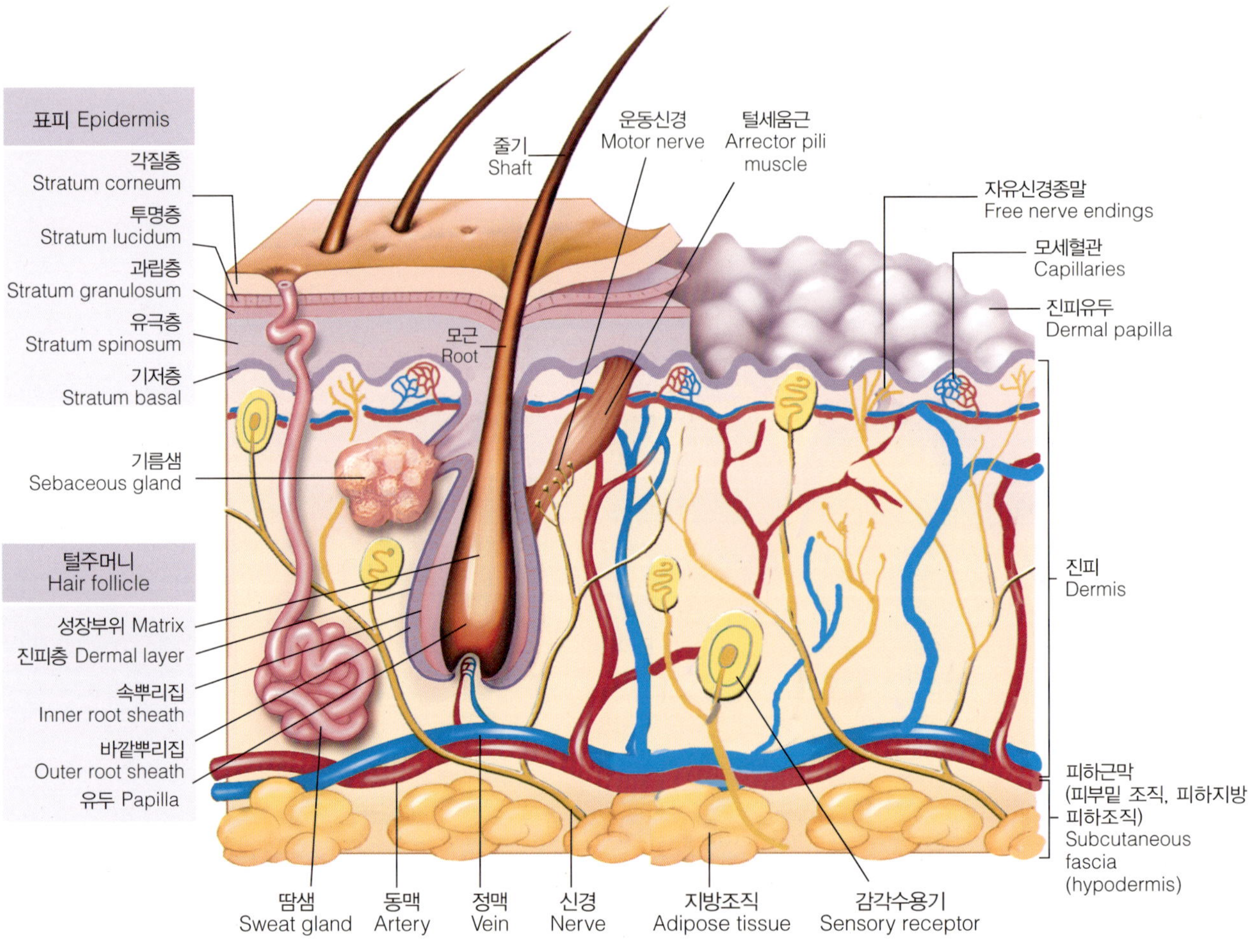


**그림 1-1 피부의 구조**

피부는 신체의 외부를 둘러싸고 있는 막이다. 피부의 구조는 크게 표면으로부터 표피, 진피, 피하조직 순으로 이루어져 있다. 이외 피부의 부속기관으로 한선, 피지선, 모발, 조갑 등이 있고 표피와 연결되어 특별한 구조를 이루며 다양한 역할을 수행한다.

## 1. 표피 Epidermis

표피는 피부의 최외각에서 외부 환경과 신체 사이에서 물리적이며 생화학적인 장벽을 형성하여 외피의 기능을 수행한다. 표피의 두께는 신체 부위와 각질층의 두께에 따라 달라지며, 모두 5층으로 구성되어 있다. 표피는 조직학적으로 가장 상층부에서 하층부까지 순서대로 각질층, 투명층, 과립층, 유극층, 기저층 순으로 총 5개의 층으로 구성된다. 표피의 구성세포로는 각질형성세포, 멜라닌형성세포, 랑게르한스세포, 머켈세포촉각세포 등이 존재하며, 이중 각질형성세포가 대부분을 차지한다.

### (1) 표피의 구성

#### ① 각질층

표피의 가장 바깥층으로 무핵의 세포층으로 이루어져 있다. 약 15~20개의 각질세포가 기왓장 모양으로 서로 엇갈려 쌓여 있으며, 이들 사이를 지질이 메우고 있어 외부의 세균이나 유해한 물질이 들어오지 못하도록 방어하는 장벽 역할을 한다. 또한 천연보습인자가 함유되어 10~20% 내외의 적절한 수준의 수분량을 유지한다.

#### ② 투명층

각질층 바로 아래에 위치한 무핵의 세포층으로 주로 손바닥과 발바닥에서만 발견된다. 세포 내 반유동성 단백질인 엘라이딘이 함유되어 투명하게 보이며 과도한 수분의 흡수를 방지한다.

#### ③ 과립층

각질화가 시작되는 층으로  핵이 퇴화되는 단계와 상층부에 가까워질수록 핵이 완전히 파괴된 단계의 약 3~5개의 세포층이 공존하고 있다. 과립세포는 세포질 내 케라토하이알린 과립과 층판소체 등과 같은 과립을 다량 포함하고 있다. 또한 외부로부터의 유해 물질이나 과도한 수분의 침투 및 증발을 억제하는 방어막 역할을 한다.

④ 유극층

표피 대부분을 차지하는 층으로 약 5~10개의 유핵 세포층으로 유극세포는 상층부로 갈수록 편평해진다. 피부의 면역 기능을 담당하는 랑게르한스 세포가 존재하며 세포와 세포 사이에 조직액이 흐르고 있어 영양 공급 혹은 노폐물 배출을 용이하게 한다.

⑤ 기저층

표피의 가장 아래에 위치한 단층의 유핵 세포층으로 각질형성세포와 멜라닌형성세포, 머켈세포가 존재하며 진피 유두와 인접해 물결 모양의 경계를 이루고 있다. 기저세포는 진피 상층부 모세혈관으로부터의 혈액을 통해 산소와 영양을 공급받아 활발한 세포분열을 통해 꾸준히 새로운 세포를 만들어 내며, 이후 최외각층인 각질층을 향해 이동하며 완전한 각질세포가 된다.

### (2) 표피의 구성세포

① 각질형성세포 Keratinocyte

각질형성세포는 표피 기저층에 존재하여 기저세포라고 불리기도 하며, 피부의 최외층에 존재하는 각질을 형성하는 표피 세포의 약 80%를 차지하는 주요 구성 세포이다. 각질형성세포는 핵분열을 통해 새로운 세포를 만들어 내며, 분열을 마친 세포는 기저층에서 각질층을 향해 수직 상승하며 형태가 변화하고 각질층에 이르면 편평한 각질세포가 되어 비로소 탈락된다.

② 멜라닌형성세포 Melanocyte

멜라닌형성세포는 피부의 색을 결정하는 멜라닌을 생성하는 세포로, 기저층의 각질형성세포 사이에 위치하며 표피를 구성하는 세포의 약 13%를 차지한다. 멜라닌형성세포의 세포질에는 세포 소기관으로 멜라닌을 함유한 색소과립인 멜라닌소체 Melanosome을 포함하고 있다. 또한 멜라닌형성세포는 다수의 기다란 가지 모양의 돌기를 가지고 있는데, 이를 통해 이웃한 각질형성세포로 멜라닌소체가 이동하며 각질세포를 착색시킨다.

③ 랑게르한스세포 Langerhans Cell

랑게르한스세포는 주로 유극층에 존재하며 피부의 면역 기능을 수행하는 세포로 표피를 구성하는 세포의 약 2~4%를 차지한다. 랑게르한스세포는 외부로부터 항원을 받아들여 면역담당세포인 T림프구로 전달하는 항원 제시 기능을 하며, 항원을 탐지하는 면역 체계의 최전방 수비수 역할을 한다.

④ **머켈세포** Merkel Cell

머켈세포는 모낭 부위에 존재하는 촉각 수용체로 표피 기저층에 위치하여 몸의 특정 부위에만 존재한다.

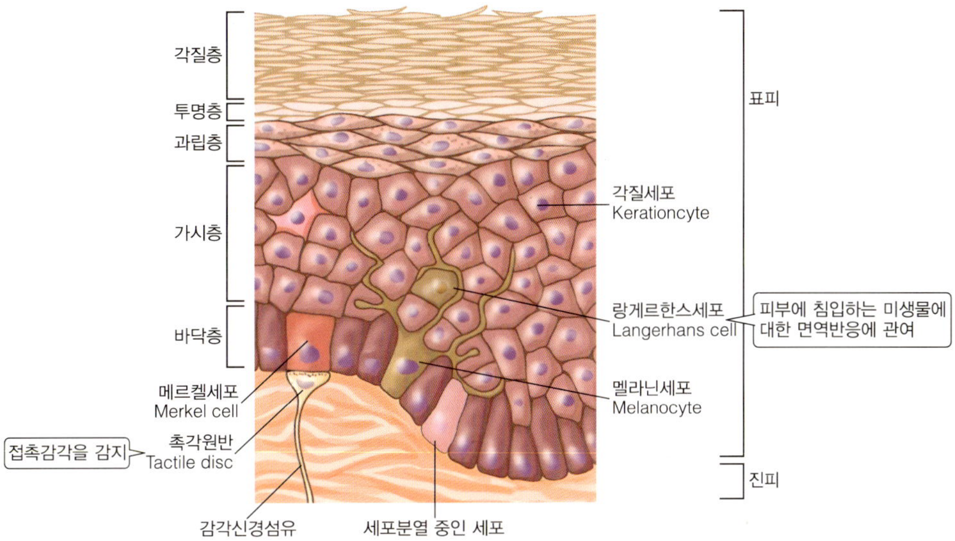


**그림 1-2 표피 구조와 세포**

### (3) 피부의 각화과정

각질형성세포는 기저층에서 끊임없이 분열해 표피 상층부를 향해 이동하며 형태적, 구조적, 기능적으로 변화하는 분화 과정을 거쳐 각질층에 가까워질수록 납작하며 각질화가 되어있다. 이를 피부의 턴-오버 Turn-over 주기라 하며, 기저층에서 각질층까지 도달하는 기간이 약 14일, 각질층에 머물다 탈락하기까지 약 14일이 소요된다. 따라서 정상적인 피부에 있어 표피의 재생 기간은 평균 28일이며, 이는 자외선, 잘못된 화장품 사용 등 다양한 내외부적 자극으로 인해 가변하는 특징이 있다.

## 2. 진피 Dermis

진피는 표피와 피하조직 사이에 위치한 피부층으로 피부의 대부분을 차지하고 있다. 또한 유연성과 탄력성을 제공하며 표피에 영양을 공급하고 지지하는 역할을 한다. 표피와 바로 맞닿은 얇은 부위인 유두층과 피하조직과 맞닿은 두터운 부위인 망상층으로 구성되어 있으며, 표피와 진피를 연결하는 경계를 기저막이라 한다. 진피는 섬유아세포와 섬유성 단백질인 교원섬유콜라겐와 탄력섬유엘라스틴, 기질, 혈관, 림프관, 신경으로 이루어져 있으며, 표피의 부속기관인 모낭한선, 피지선, 털이 위치해 있다.

### (1) 진피의 구성

#### ① 유두층

기저막을 사이에 두고 표피와 인접해 있으며 물결 모양의 굴곡이 있는 돌기 형태로 이루어져 있다. 얇은 교원섬유가 불규칙하게 배열되어 피부의 신축과 탄력에 관여하며, 모세혈관과 신경말단이 분포되어 표피에 산소와 영양분을 공급한다.

#### ② 망상층

진피 대부분을 차지하며 교원섬유와 탄력섬유가 서로 뒤엉켜 견고하고 탄력 있는 그물 모양의 층을 형성하여 피부의 신축성과 탄력성에 크게 관여한다. 이외 혈관, 림프관, 신경, 모낭이 복잡하게 분포되어 있다.

### (2) 진피의 구성물질

#### ① 교원섬유콜라겐

진피 대부분을 차지하는 섬유성 단백질로 두터운 다발을 형성하며 피부 표면에 평행하여 배열되어 있다. 섬유아세포를 통해 3가지 아미노산글라이신, 프롤린, 하이드록시프롤린이 만들어지고, 이러한 아미노산 체인이 3중 나선 형태를 이루며 피부에 견고함을 부여한다.

#### ② 탄력섬유엘라스틴

진피의 일부를 차지하는 섬유성 단백질로 교원섬유에 비해 섬유 성분이 짧고 가늘며 피부에 탄력성과 신축성을 부여한다. 콜라겐과 마찬가지로 섬유아세포를 통해 만들어지나, 콜라겐에 비해 특정 아미노산하이드록시프롤린의 양이 적어 탄력성을 부여한다.

#### ③ 기질

세포외 기질은 세포와 세포 사이이 빈 공간을 채워주는 간충 물질로 히알루론산과 글리코사미노글리칸이 대표적이다. 세포외 기질은 주로 섬유아세포에서 만들어지며, 영양소와 이물질을 세포 밖으로 배출한다.

④ 섬유아세포

진피의 섬유성 단백질인 교원섬유와 탄력섬유, 기질을 합성하는 역할을 한다.

### 3. 피하조직 Subcutaneous tissue

피하조직은 진피와 근막 사이에 위치하며 지방세포로 구성되어 있다. 피하조직의 두께는 성별, 연령, 신체부위에 따라 각기 다르게 나타난다. 외부 충격을 흡수하고 피하조직 아래의 근육과 뼈가 다치지 않도록 보호하며, 유기체의 영양과 에너지를 보관하고 체온 유지 기능을 담당한다.

### 4. 피부 부속기관

피부 부속기관은 피부에서 발생된 피부의 부속물로 한선땀샘, 피지선기름샘, 모발, 조갑손톱과 발톱이 있다.

## 2. 피부의 기능

피부는 신체를 둘러싸며 외부 환경과 내부 기관 사이에 방어벽을 형성하고 면역 반응을 통해 물리적, 화학적인 영향으로부터 보호하는 역할을 한다. 또한 땀과 피지를 분비하고 환경이나 기온의 변화에 맞추어 체온을 항상 일정하게 유지하는 생물학적 기능을 수행한다. 뿐만 아니라 미적인 측면인 외관을 결정하는 중요한 요소로 작용한다.

### 1. 보호 기능

#### (1) 물리적인 자극에 대한 보호

피부는 구조적으로 표피, 진피, 피하지방층으로 이루어져 외부 물리적인 자극이나 힘이 직접적으로 전달되지 않도록 완충 역할을 한다.

### (2) 화학적인 손상에 대한 보호

피부 표면에는 한선에서 분비되는 땀과 피지선에서 분비되는 피지에 의해 얇은 막이 형성되는데 이러한 보호막을 피지막이라고 일컫는다. 피지막은 약산성 pH 약 4.5~5.5를 유지하며 외부 화학 물질이나 세균의 침입에 대한 저항성을 지닌다. 피부는 일정 수준의 산성과 알칼리성에 대해 중화하여 본래의 pH로 환원시키는 능력을 가지고 있으며, 이를 피부의 완충능Skin Buffer Capacity이라 일컫는다.

## 2. 배설 및 분비 기능

피부는 발한 작용을 통해 한선에서 분비된 땀과 노폐물을 배설하며, 피지선을 통해 피지를 분비하며 이는 모공을 통해 배출된다.

## 3. 체온 조절 기능

피부는 외부 환경이나 기온의 변화에 맞추어 혈관의 확장 및 수축 그리고 발한 현상을 통하여 열을 발산하고 체온을 항상 일정한 상태로 유지하는 항상성을 유지한다.

## 4. 감각 및 지각 기능

피부는 외부 환경에서 유래한 자극을 감지하는 여러 신경 종말 수용체를 지니며, 이를 통해 온각, 냉각, 통각, 압각 등의 촉각을 느끼게 된다.

## 5. 흡수 기능

피부에는 과도한 수분의 유입과 증발을 방지하는 수분 증발 저지막이 있어 대부분의 수성 성분은 조직 내로 침투하지 못한다. 그러나 각질층의 피지 성분과 유사한 지용성 성분은 모공을 통해 침투되어 피부에 흡수되며, 이를 피부의 경피 흡수 작용이라고 한다.

## 6. 비타민 D 형성 기능

대부분의 비타민은 체외 공급원을 통해 보충되는 반면, 비타민 D의 경우 표피 내 전구체프로비타민 D 형태로 존재하며 자외선 B의 조사에 의해 피부에서 생성된다.

## 7. 미적 기능

이와 같은 생물학적 기능 외에 피부는 가장 외적으로 드러나는 기관으로, 피부색과 주름, 처짐 등의 미용적인 상태를 통해 타인과의 의사소통에 영향을 미치며 개인의 심리학적 측면에서 건강한 자아를 형성하는 데 중요한 역할을 한다.

# 3. 근육과 골격

## 1. 근육의 구조와 기능

근육은 체중의 약 45%를 차지하고 있으며 피부와 뼈대에 부착하여 인체의 형태를 구성함과 동시에 뼈대를 움직여 전신의 운동을 가능하게 한다. 근육Muscle은 뼈와 관절의 협동과 신경지배, 에너지 공급을 통한 수축 작용을 통해 신체의 능동적인 움직임을 일으킨다. 또한 심장을 박동시켜 혈액을 전신에 공급하며, 내장기를 움직여 신체의 생리 기능을 가능하게 하는 기관이다. 크게 골격근, 심장근, 내장근으로 분류하며 근육원섬유와 근육섬유, 근막으로 구성되어 있다.

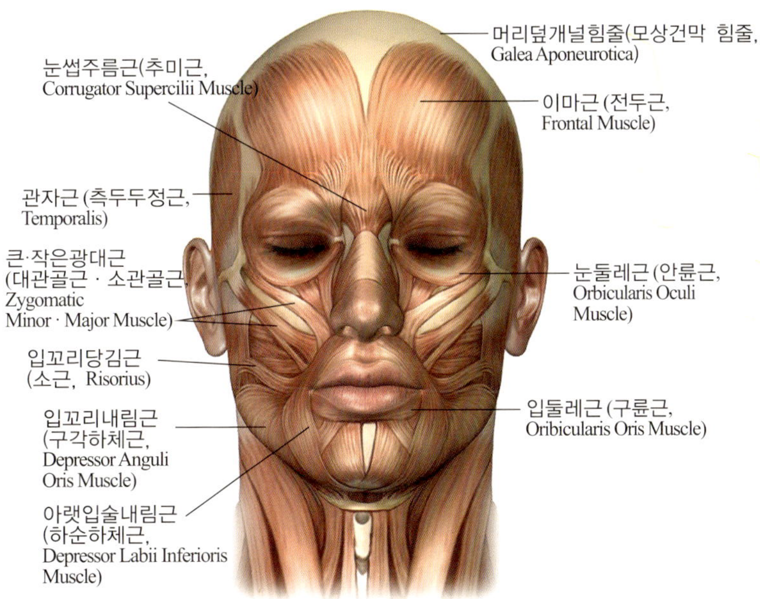


그림 1-3 얼굴의 표정근(앞면)

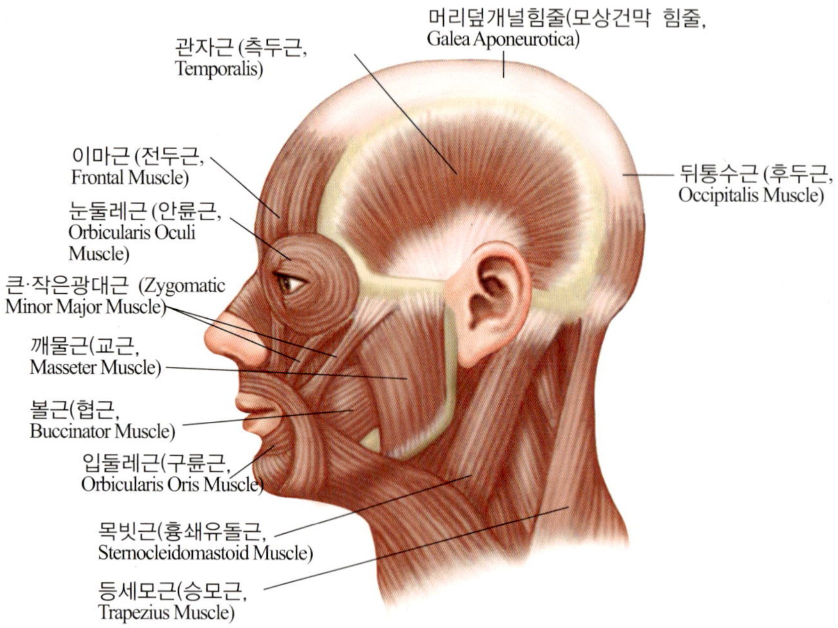


**그림 1-4 얼굴의 표정근(옆면)**

## 2. 골격의 구조와 기능

뼈대골격, Skeleton는 전신을 형성하는 결합조직의 일종으로 성인의 골격은 206개의 뼈골, bone로 구성되어 있다. 뼈대는 근육과 밀착하여 우리 몸을 지지하고 보호해 줄 뿐만 아니라 신체의 움직임을 가능하게 해준다. 이를 위해 2개 이상의 뼈가 만나 움직임을 유도하는 관절과 뼈와 뼈 사이를 강하게 연결해주는 인대 그리고 근육과 뼈를 연결해주는 힘줄이 함께 작용한다.

뼈는 모양에 따라 장골, 단골, 편평골, 불규칙골, 함기골, 종자골로 분류할 수 있으며, 위치에 따라 몸통뼈대와 팔다리뼈대로 나누어 볼 수 있다.

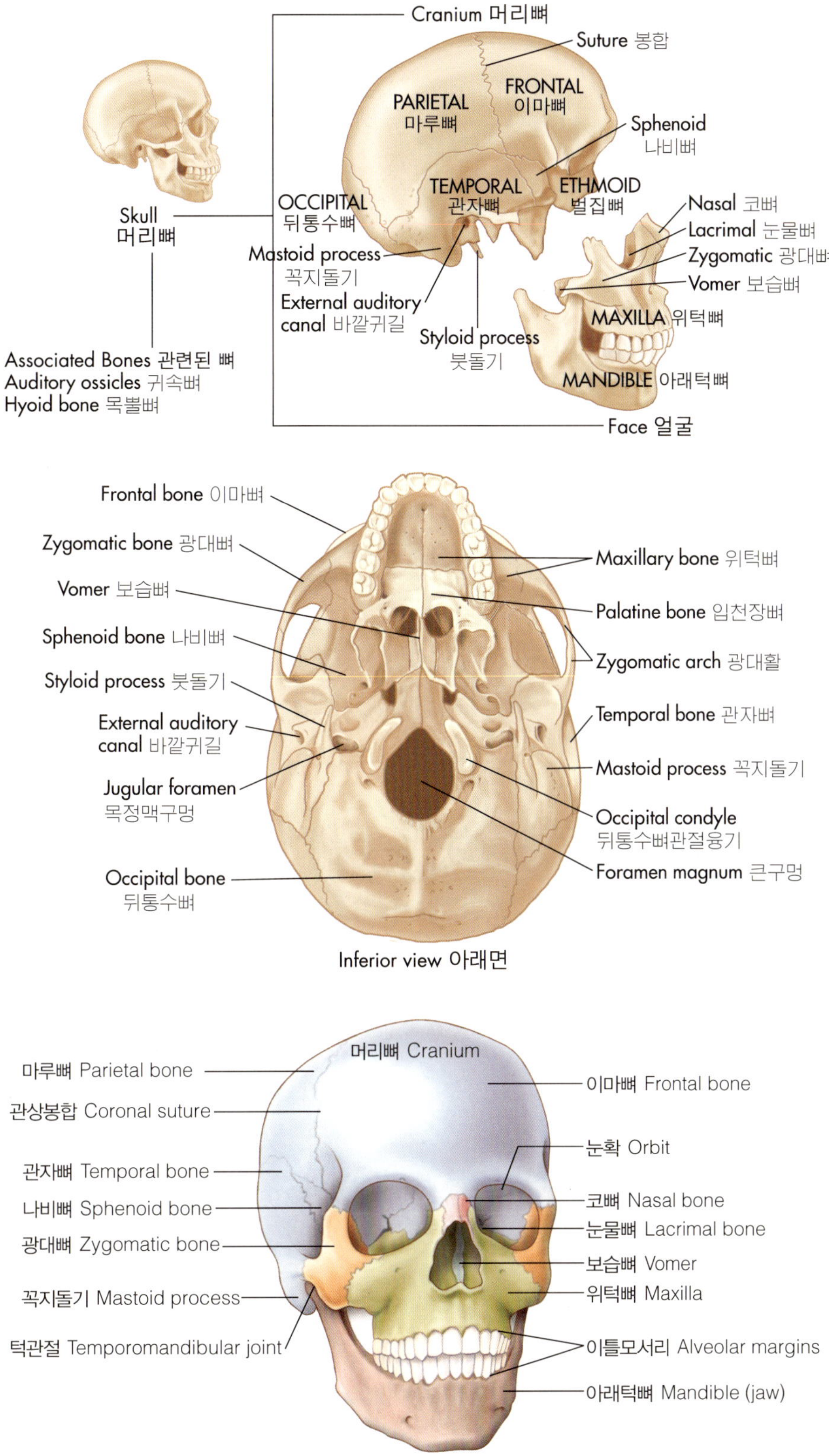
Cranium 머리뼈
Suture 봉합
FRONTAL 이마뼈
PARIETAL 마루뼈
Sphenoid 나비뼈
TEMPORAL 관자뼈
ETHMOID 벌집뼈
OCCIPITAL 뒤통수뼈
Skull 머리뼈
Nasal 코뼈
Lacrimal 눈물뼈
Zygomatic 광대뼈
Vomer 보습뼈
Mastoid process 꼭지돌기
External auditory canal 바깥귀길
MAXILLA 위턱뼈
Styloid process 붓돌기
MANDIBLE 아래턱뼈
Associated Bones 관련된 뼈
Auditory ossicles 귀속뼈
Hyoid bone 목뿔뼈
Face 얼굴
Frontal bone 이마뼈
Zygomatic bone 광대뼈
Vomer 보습뼈
Sphenoid bone 나비뼈
Styloid process 붓돌기
External auditory canal 바깥귀길
Jugular foramen 목정맥구멍
Occipital bone 뒤통수뼈
Maxillary bone 위턱뼈
Palatine bone 입천장뼈
Zygomatic arch 광대활
Temporal bone 관자뼈
Mastoid process 꼭지돌기
Occipital condyle 뒤통수뼈관절융기
Foramen magnum 큰구멍
Inferior view 아래면
머리뼈 Cranium
마루뼈 Parietal bone
관상봉합 Coronal suture
관자뼈 Temporal bone
나비뼈 Sphenoid bone
광대뼈 Zygomatic bone
꼭지돌기 Mastoid process
턱관절 Temporomandibular joint
이마뼈 Frontal bone
눈확 Orbit
코뼈 Nasal bone
눈물뼈 Lacrimal bone
보습뼈 Vomer
위턱뼈 Maxilla
이틀모서리 Alveolar margins
아래턱뼈 Mandible (jaw)

그림 1–5 머리뼈

*Chapter 2*

# 에스테틱 개론

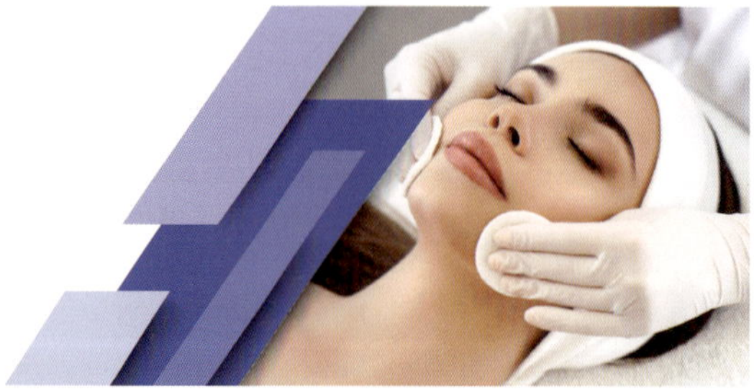

## 1. 클렌징

### 1. 클렌징의 정의와 목적

클렌징Cleansing은 모공 속에서 피부 표면으로 분비되는 피지와 땀, 이외의 외부로부터 먼지, 환경오염, 메이크업 노폐물 등을 깨끗이 제거해 피부의 신진대사를 원활하게 하여 건강한 피부 상태를 유지하고 화장품 속 유효 성분의 흡수를 도와주는 데 목적이 있다.

### 2. 클렌징제의 종류

① **포인트 메이크업 클렌저** : 얇고 섬세한 눈가와 입의 포인트 메이크업을 지우는 데 사용한다.

② **클렌징 로션/밀크** : 친수성o/w 상태의 가벼운 로션 제형으로 클렌징 크림에 비해 수분 함유량이 많아 물에 쉽게 용해되는 편이다. 건성, 민감성, 노화 피부 타입에 적합하다.

③ **클렌징 크림** : 친유성w/o 상태의 묵직한 크림 제형으로 피지 분비가 많거나 짙은 메이크업을 했을 때 사용한다. 다만 크림의 잔여물이 남아있으면 피부 트러블을 유발할 가능성이 있어 이중세안을 필요로 한다.

④ **클렌징 오일** : 물과 친화력이 있는 오일 성분을 배합시킨 상태로 물에 쉽게 녹는 편이다. 건성, 민감성, 노화 피부에 적합하다.

⑤ **클렌징 젤** : 오일 성분이 전혀 함유되지 않은 상태로 물로 제거할 수 있다. 지성, 민감성, 여드름 피부에 자극 없이 사용할 수 있다.

## 2. 눈썹정리

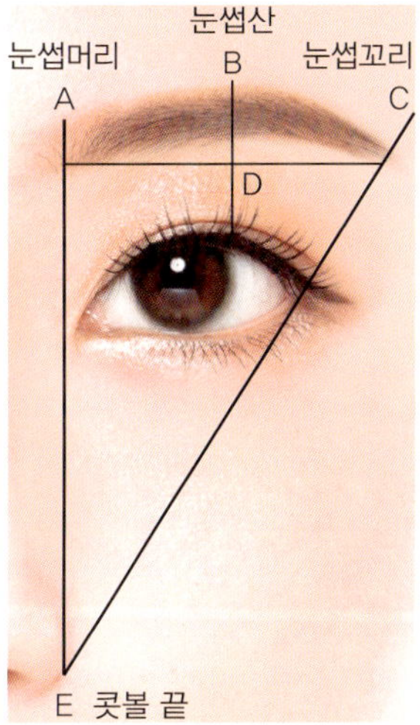


그림 2-1 눈썹의 구조

## 3. 딥클렌징

### 1. 딥클렌징의 정의와 목적

딥클렌징 Deep Cleansing은 클렌징으로 제거되지 않는 모공 속 피지와 노폐물을 비롯해 각질층의 죽은 세포를 인위적으로 제거하는 것으로 혈액순환을 촉진하여 피부 결과 톤을 개선하며 화장품 속 유효 성분의 흡수를 용이하게 하는 데 목적이 있다. 물리적인 방법과 화학적인 방법으로 나눌 수 있다.

### 2. 딥클렌징제의 종류

#### (1) 물리적 딥클렌징

① 스크럽

'문지르다', '제거하다'의 의미로 아몬드, 살구씨, 조개껍질 등에서 추출한 작은 알갱이 입자를 혼합한 형태로 피부에 바르고 부드럽게 문지르는 연마 작용을 통해 피부 표면의 각질을 물리적으로 제거한다.

**사용방법** : 제품 도포 후 손 끝에 물을 묻혀 수분을 유지하며 나선형으로 부드럽게 문지른다.

**주의사항** : 예민하거나 혈관이 확장된 부위, 얇고 섬세한 눈가와 입가 주변의 피부에 사용을 가급적 피하도록 한다. 피부 표면에서 부드럽게 러빙한 후 잔여물이 남지 않도록 깨끗이 제거한다.

② 고마쥐

고무 성분을 함유하는 크림 제형으로 각질분해효소의 화학 작용과 물리적인 힘을 이용한 각질을 탈락시키는 방법이다. 피부에 도포하고 마른 상태에서 밀어서 제거할 때 각질과 피지 잔여물이 제거된다.

**사용방법** : 제품 도포 후 살짝 마른 상태에서 근육 결 방향으로 밀어서 제거한다.

**주의사항** : 예민한 부위는 강하게 문지르지 않고 제거 시 제품이 눈, 코, 입 안으로 들어가지 않도록 주의한다.

### (2) 화학적 딥클렌징

① 효소

단백질을 분해하는 효소 성분이 각질 세포간의 응집력을 느슨하게 하여 비교적 자극 없이 각질을 탈락시킨다. 효소가 각질층에서 활성화되기 위해서는 적절한 온도 약 32~35℃, 습도 약 70%, pH 약 5~7 환경을 갖추어야 한다.

**사용방법** : 스티머를 사전에 예열한 후, 효소 파우더를 정제수에 개어 눈가와 입가를 제외한 얼굴 전체에 균일하게 도포하고 스팀을 약 10~15분간 적용한다.

**주의사항** : 스티머가 없을 경우 온습포를 사용하도록 한다. 제품 적용 후 잔여물이 남지 않도록 깨끗하게 제거하고 수분 공급을 통한 진정 관리를 병행한다.

② AHA 알파-하이드록시 애씨드

각질층에서 가수분해 작용을 일으켜 각질을 탈락시키며, 표피의 수분 보유력을 강화하고 세포 재생에 효과적이다. 글리콜산, 젖산, 사과산, 주석산, 구연산 등 과일에서 추출한 천연 유기산으로, 비교적 분자량이 작아 각질 세포 사이에 빠르게 침투하기에 피부 상태와 목적에 따라 농도와 적용 시간, pH를 조절하여 사용해야 한다.

**사용방법** : 아이패드와 립 거즈로 눈과 입술을 가린 후, 브러시를 사용해 리퀴드 타입의 AHA를 T존과 U존 순으로 도포한다.

**주의사항** : 예민한 부위는 가급적 피해 적용하도록 하며, 적용 후 진정 관리를 병행한다.

# 4. 매뉴얼 테크닉

## 1. 매뉴얼 테크닉의 정의와 목적

매뉴얼 테크닉Manual Technique은 손의 다양한 부위를 이용해 피부 조직과 근육 조직을 쓰다듬고, 문지르고, 반죽하고, 두드리고, 마찰하는 등의 행위를 의미한다. 인체의 혈액순환과 신진대사를 증진시켜 산소 및 영양 공급과 체내 노폐물 배출을 돕고, 긴장된 근육을 이완시켜 피로를 회복시키며, 내분비계의 영향으로 심리적 안정감을 줌으로써 건강한 컨디션을 유지하도록 하는 것이 목적이다.

## 2. 매뉴얼 테크닉 기본 동작

매뉴얼 테크닉 시 반드시 안에서 바깥으로, 아래에서 위를 향해 근육의 결에 따라 동작을 진행한다. 각 동작의 압력은 정맥의 방향으로 가하되 압력이 지나치게 강하면 조직에 자극을 주어 모세혈관이나 림프절이 손상될 수 있으며 반대로 압력이 약할 경우 효과를 기대할 수 없으므로 힘의 세기를 적절하게 조절한다. 또한 일정한 리듬과 속도를 유지하면서 관리 부위에 손바닥을 밀착시키고 손목과 손가락 관절에 과도한 힘이 실리지 않도록 주의한다.

### (1) 경찰법 쓰다듬기, Effleurage

주로 매뉴얼 테크닉의 시작과 끝에 많이 사용하며, 손가락을 포함한 손바닥 전체로 피부를 부드럽게 쓰다듬는 동작이다. 손목과 손은 힘을 빼고 손바닥과 피부의 접촉을 최대한으로 한 상태에서 누르는 정도와 속도를 일정하게 유지한다.

### (2) 강찰법 문지르기, Friction

주름이 지기 쉬운 이마, 입가, 눈가에 주로 실시하며 손가락의 끝 부분을 피부에 대고 조금씩 이동하며 원을 그리는 동작이다.

### (3) 유연법 반죽하기, Petrissage

손가락을 이용하여 쥐듯이 잡아 반죽하듯 강하게 주무르는 동작으로 근육을 잡아 올렸다 놓는 방법이다. 손에 힘을 주어 누르는 동작도 있다.

### (4) 고타법 두드리기, Tapotement

양 손을 동시에 사용하여 빠르게 두드리는 동작으로 손의 모양에 따라 두드리는 강도가 달라진다. 얼굴의 경우 주로 손가락 끝을 사용한다.

### (5) 진동법 떨기, Vibration

손바닥을 이용해 피부를 흔들어서 진동을 일으키는 방법이다.

## 3. 매뉴얼 테크닉 주의대상

- 심장에 관련된 질병과 고혈압 증상이 있는 경우
- 일광욕 후 피부가 자극을 받은 경우
- 정맥류, 혈우병, 부종 등 혈액순환 관련 질병이 있는 경우
- 임신 말기의 임산부, 수술 직후나 당뇨병 환자
- 전염성이 있는 피부질환, 염증이나 알레르기 등 각종 피부 질환 환자
- 생리 전후 피부가 트러블을 일으키기 쉬운 민감한 상태일 경우

# 5. 팩

## 1. 팩의 정의와 목적

팩 Pack 은 '감싼다'의 의미로 제형이 얇은 피막을 형성해 공기가 투과되는 상태에서 유효 성분이 피부에 스며들어 수분과 영양을 공급하며 피부 보습, 청정, 진정, 탄력 강화 등의 효과를 준다.

## 2. 팩의 유형

### (1) 워시오프 타입

크림, 젤, 거품 형태의 팩을 바른 뒤 10~20분 후 미온수로 씻어서 제거한다. 보습 효과가 뛰어나 피부에 자극을 주지 않으며 가볍게 제거할 수 있다.

### (2) 필오프 타입

젤, 리퀴드 형태의 팩을 바른 후 건조되면서 생긴 얇은 필름막을 떼어내는 팩으로 떼어낼 때 죽은 각질과 노폐물이 함께 제거되어 피부 정화 효과가 탁월하다.

### (3) 티슈오프 타입

크림, 젤 형태의 팩을 바른 뒤 마르기 전 티슈로 가볍게 눌러 닦아내거나 피부에 그대로 흡수시키는 팩으로 보습과 영양 공급 효과가 뛰어나다.

### (4) 시트 타입

부직포나 거즈 등의 시트에 유효 성분이 적셔져 있는 형태로 최근에는 하이드로겔, 셀룰로오스, 벨벳 마스크가 출시되고 있다.

# 6. 마스크

## 1. 마스크의 정의와 목적

마스크Mask는 피부 관리 마지막 단계에서 실시하는 것으로 피부 표면을 하나의 막으로 감싸 외부 공기가 투과되지 않고 일시적인 밀폐 효과로 수분과 영양이 충분히 흡수될 수 있도록 하며 피부를 부드럽게 하는 효과를 준다.

## 2. 마스크의 유형

### (1) 고무 모델링 마스크

규조토, 알긴, 글루코오스, 칼슘 설페이트 등을 주성분으로 구성 성분의 배합에 따른 겔Gel화 현상을 통해 시간이 지나면 서서히 굳는 필오프 타입의 마스크이다. 피부의 노폐물 흡착 및 제거, 수분 공급, 피부 진정, 유효성분 흡수 등의 역할을 한다.

### (2) 석고 마스크

석고 가루가 물을 만나 발열 현상을 보이며, 미세한 결정이 서로 엉키며 경화되는 필오프 타입의 마스크이다. 노폐물 제거와 마사지를 통해 순환이 촉진된 피부에 베이스로 도포한 앰플과 고영양 크림이 잘 흡수되도록 도움을 준다.

*Chapter 3*

# 피부 분석 및 유형에 따른 관리계획표 작성

## 1. 피부 분석

### 1. 피부 분석 방법

#### (1) 문진법

고객에게 질의응답을 통해 관련된 정보를 얻는 방법으로 성별, 연령, 직업, 과거 병력 및 가족력, 알레르기 유무, 식습관과 생활리듬, 스킨케어 제품 등에 대한 질문에 답변한 것을 구체적으로 기록한다.

#### (2) 견진법

육안으로 피부 상태를 판별하는 방법으로 피부 결과 톤, 유수분 상태, 모공의 크기, 모세혈관 상태, 여드름 종류 등을 관찰한다.

#### (3) 촉진법

피부를 손으로 만져보거나 눌러봄으로써 피부 상태를 판별하는 방법으로 자극에 대한 민감도, 피부의 탄력도, 부드러움이나 거침, 조직의 두께, 유분의 함량 등을 관찰한다.

#### (4) 기기 이용

눈으로 판단이 어려운 부분을 측정할 수 있어서 정확한 피부진단이 가능하다.
ex) 확대경, 우드램프, 유수분측정기, pH측정기 등

### 2. 피부 분석 시 유의사항

피부 분석 전 반드시 손을 깨끗하게 소독하고, 보다 정확한 판독을 위해 클렌징 이후 피부 분석을 실시한다. 다만 동일한 피부라도 내적노화, 호르몬 및 외적기온, 자외선, 외부 환경, 식생활, 수면습관, 스트레스, 의약품, 화장품 등 요인에 따라 피부 상태는 항상 가변함을 염두에 두어야 한다.

## 2. 피부 유형

### 1. 피부 유형 구분 방법

피부 유형은 피부조직, 유수분도, 색소침착, 혈액순환, 탄력도 등에 따라 구분한다.

#### (1) 피부조직

피부 두께와 피부 결, 모공의 크기, 피부 탄력도에 따라 정상, 건성, 지성 피부로 분류한다. 피부 안색, 혈액순환 및 색소침착 정도에 따라 민감성, 노화, 모세혈관 확장 피부로 세분한다.

#### (2) 수분 함유량

표피와 진피의 수분 함유량에 따라 표피 수분부족, 진피 수분부족으로 분류한다. 피부 보습 상태에 따른 각질화 상태, 피부 유연성, 주름 등을 종합적으로 평가한다.

#### (3) 피지 분비량

피부의 피지 분비량에 따라 정상, 건성, 지성, 복합성 피부로 분류한다. 모공 속 각질화 상태나 피지 분비물의 상태에 따라 면포, 지루성, 여드름 피부로 세분한다.

## 2. 피부 유형별 특징과 관리 방법

### (1) 정상피부

피부조직과 유수분도를 비롯해 피부의 전반적인 생리 기능이 정상적이고 가시적인 색소, 여드름 등이 없는 이상적인 중성피부이다.

#### ① 특징

- 피부 결이 섬세하고 촉촉하며 윤기가 난다.
- 모공이 고르고 매끈하다.
- 피부의 탄력과 안색이 좋으며 외부 자극이나 세균에 대한 저항력이 높다.
- 잔주름이 없고 기미, 잡티 등의 색소침착이나 여드름이 없다.
- 각질층의 수분 함유량이 10~20%로 정상이고 표피층의 세포 신진대사가 원활하다.
- 피지선과 한선의 기능이 정상이며 유수분 밸런스가 적절하다.

#### ② 관리방법

- 현재의 건강한 피부 상태를 유지하는 차원에서 유수분 밸런스를 맞추는 데 중점을 둔다.
- 매일 부드러운 밀크 타입의 클렌저를 사용하여 피부의 노폐물을 제거한다.
- 주 1회 가량 효소 타입의 딥클렌저를 사용하여 묵은 각질과 모공 속 노폐물을 제거한다.
- 자외선 차단제와 아이크림을 꾸준히 사용한다.
- 평소 균형 잡힌 식생활, 지속적인 수분 섭취, 충분한 수면을 취하도록 한다.

#### ③ 효능성분

천연보습인자, 알로에 베라, 히알루론산, 알란토인, 비타민 E, 레티노이드 등

### (2) 건성피부

나이가 들거나 유전적으로 피부조직과 두께가 얇아 경피수분손실이 잦은 경우 혹은 계절 변화, 자외선, 사우나, 잘못된 화장품 사용이나 피부 손상 이후 등 후천적인 요인으로 건조함을 느끼는 상태이다.

① 특징

- 피부 결은 비교적 고운 편이나 피부가 얇고 윤기가 없으며 각질이 일어나 거칠어 보인다.
- 모공이 작아 눈에 잘 띄지 않는다.
- 세안 후 피부가 심하게 당기고 탄력이 없으며, 외부 자극에 대해 저항력이 약해 민감 반응이 나타나기 쉽다.
- 표정 변화에 의한 잔주름이 많이 나타나고 색소침착이 쉽게 일어난다.
- 각질층의 수분 함유량이 10% 이하로 부족한 편이며 피지선의 기능이 활발하지 않다.

② 관리방법

- 클렌징 시 세정력이 강한 알칼리성 비누나 지나치게 뜨겁고 차가운 물의 사용에 주의하고, 부드러운 밀크 또는 크림 타입의 클렌저로 세정한 후 미지근한 물로 닦아낸다.
- 토너는 알코올 함량이 적은 제품을 선택하고 보습 성분이 함유된 에센스나 크림, 오일 등으로 마무리한다. 다만 유분 함량이 지나치게 많은 보습제를 과하게 사용하면 피지선의 기능이 저하되어 오히려 피부를 건조하게 할 수 있어 주의가 필요하다.
- 건조로 인한 잔주름 형성에 유의하고, 특히 피부 조직이 얇은 눈가에 아이크림을 충분히 발라준다.
- 평소 수분 섭취를 자주한다.
- 직사광선, 잦은 사우나, 냉난방 환경은 피부 건조를 유발하므로 온도와 습도를 적절히 유지해 피부의 수분 증발을 방지한다.
- 원활한 혈액순환과 신진대사를 도와주는 매뉴얼 테크닉을 주 1회 가량 실시한다.

③ 효능성분

글리세린, 히알루론산, 소듐PCA, 프로필렌글라이콜, 시어버터, 레티놀, 비타민 E토코페롤, 아몬드오일, 아보카도오일, 올리브오일, 로즈오일, 해조추출물 등

### (3) 지성피부

피지선의 기능이 활발해 피지 분비가 과도한 피부로, 피부 표면이 번들거리며 모공

이 두드러져 보인다. 각질층이 두꺼워져 피부 두께가 두꺼운 상태로 피지 분비량의 정도에 따라 지성피부에서 발전된 피부 병변이 다르게 나타난다. 유전적인 영향이 가장 크며, 호르몬제의 복용이나 사춘기 호르몬 불균형으로 인해 피지선을 자극함으로써 피지 분비량이 증가하여 나타난다.

### ① 특징

- 피부 결이 고르지 못하고 각질층의 두께가 두꺼워 피부가 투명하지 않고 칙칙하다.
- 모공이 두드러져 보이며 외부 자극에 대한 저항력이 비교적 강하다.
- T존 부위는 모공 속 피지 분비가 많아 늘 번들거리며 면포와 여드름이 쉽게 나타난다.
- 윤기와 탄력이 있어 잔주름이 없는 편이며 노화가 느리게 진행된다.

### ② 관리방법

- 과도한 피지 분비를 조절하여 유수분 밸런스를 맞추어 주는 것이 중요하다.
- 클렌징 시 수분감이 뛰어난 젤 타입 클렌저를 사용하고 미온수로 피지를 깨끗이 제거한다.
- 주 1~2회 가량 효소를 이용하여 주기적으로 딥클렌징을 실시함으로써 모공을 막고 있는 과다 피지와 각질을 제거해야 한다.
- 과도한 피지를 조절하고 모공을 수렴하기 위해 주 1~2회 가량 피지 흡착 기능이 뛰어난 클레이 마스크를 사용하여 관리한다.
- 당 부하 지수가 높은 초콜릿이나 탄산음료, 동물성 지방의 함량이 높은 튀김 등 피지 분비를 촉진하는 식품의 섭취에 주의하고 비타민과 무기질이 풍부한 과일과 채소를 위주로 식단을 구성한다.

### ③ 효능성분

카올린, 멘톨, 설퍼, 유칼립투스추출물, 위치하젤추출물, 티트리추출물, 티타늄디옥사이드, 징크옥사이드 등

### (4) 복합성피부

부위별로 피지 분비량이 일정하지 않아 2가지 이상의 피부 유형이 나타나는 피부로, T존, U존, 목이 각각 정상, 건성, 지성으로 다른 타입을 하고 있다. 환절기나 피부에 맞지 않는 화장품을 사용한 경우, 불규칙한 생활 패턴으로 인해 일시적으로 나타나는 경우가 많다.

#### ① 특징

- 피부 결이 균일하지 않다.
- T존 주위에는 유분기가 많은 반면 눈가와 뺨 등 다른 부위는 건조하고 당긴다.
- 눈가에 잔주름이 보이고 색소침착이 생성되기 쉽다.

#### ② 관리방법

T존과 U존, 목의 상태에 따라 피지 및 보습 관리를 적절하게 적용해야 한다. 예를 들어, T존 부위는 피지 조절 및 각질 제거를 위한 관리를, U존 부위는 보습과 영양 공급을 위한 관리를 실시한다.

# 3. 관리계획표 작성

## 1. 정상 + 정상 + 정상

<table>
<tr><th colspan="4">관리계획 차트</th></tr>
<tr><td colspan="2">비번호</td><td>형별</td><td>시험일자</td></tr>
<tr><td colspan="2">관리목적</td><td colspan="2">T존, U존, 목 : 유수분 밸런스가 잘 균형을 이루고 있으므로 현재 피부 상태를 유지</td></tr>
<tr><td colspan="2">기대효과</td><td colspan="2">T존, U존, 목 : pH 밸런스를 맞추어 좋은 탄력있고 촉촉하며 건강한 피부로 기대</td></tr>
<tr><td colspan="3">클렌징</td><td>☐ 오일 ☐ 크림 ☑ 밀크/로션 ☐ 젤</td></tr>
<tr><td colspan="3">딥클렌징</td><td>☐ 고마쥐 ☐ 효소 ☐ AHA ☐ 스크럽</td></tr>
<tr><td colspan="3">매뉴얼 테크닉 제품 타입</td><td>☐ 오일 ☑ 크림</td></tr>
<tr><td colspan="3">손을 이용한 관리 형태</td><td>☑ 일반 ☐ 림프</td></tr>
<tr><td colspan="2" rowspan="3">팩</td><td>T존</td><td>☐ 건성타입 ☑ 정상타입 ☐ 지성타입</td></tr>
<tr><td>U존</td><td>☐ 건성타입 ☑ 정상타입 ☐ 지성타입</td></tr>
<tr><td>목</td><td>☐ 건성타입 ☑ 정상타입 ☐ 지성타입</td></tr>
<tr><td colspan="2">마스크</td><td colspan="2">☐ 석고마스크 ☐ 고무모델링마스크</td></tr>
<tr><td colspan="2" rowspan="4">고객<br>관리계획</td><td>1주</td><td>클렌징 → 딥클렌징 효소 → 매뉴얼 테크닉 → T존, U존, 목 : 히알루론산 팩 → 아이크림 → T존, U존, 목 : 영양크림</td></tr>
<tr><td>2주</td><td>클렌징 → 딥클렌징 스크럽 → 매뉴얼 테크닉 → T존, U존, 목 : 콜라겐 팩 → 아이크림 → T존, U존, 목 : 영양크림</td></tr>
<tr><td>3주</td><td>클렌징 → 딥클렌징 AHA → 매뉴얼 테크닉 → T존, U존, 목 : 비타민 C 팩 → 아이크림 → T존, U존, 목 : 영양크림</td></tr>
<tr><td>4주</td><td>클렌징 → 딥클렌징 고마쥐 → 매뉴얼 테크닉 → T존, U존, 목 : 세라마이드 팩 → 아이크림 → T존, U존, 목 : 영양크림</td></tr>
<tr><td rowspan="3">자가<br>관리<br>조언</td><td rowspan="2">제품</td><td>아침</td><td>클렌저 → 토너 → 아이크림 → 수분크림 → 자외선 차단제</td></tr>
<tr><td>저녁</td><td>클렌저 → 토너 → 아이크림 → 나이트크림</td></tr>
<tr><td>기타</td><td colspan="2">주 1회 정도 정기적인 딥클렌징, 비타민류가 함유된 식품을 충분히 섭취하는 등 균형 잡힌 식생활, 충분한 수분공급, 규칙적인 운동</td></tr>
</table>

## 2. 건성 + 건성 + 건성

<table>
<tr><th colspan="5">관리계획 차트</th></tr>
<tr><td colspan="2">비번호</td><td colspan="2">형별</td><td>시험일자</td></tr>
<tr><td colspan="2">관리목적</td><td colspan="3">T존, U존, 목 : 피지 분비가 원활하도록 피지선을 촉진하고 충분한 보습감을 제공하여 잔주름이나 각질을 예방</td></tr>
<tr><td colspan="2">기대효과</td><td colspan="3">T존, U존, 목 : 적절한 유수분 공급으로 밸런스를 맞추어 조기 노화 예방</td></tr>
<tr><td colspan="3">클렌징</td><td colspan="2">☐ 오일 ☐ 크림 ☑ 밀크/로션 ☐ 젤</td></tr>
<tr><td colspan="3">딥클렌징</td><td colspan="2">☐ 고마쥐 ☐ 효소 ☐ AHA ☐ 스크럽</td></tr>
<tr><td colspan="3">매뉴얼 테크닉 제품 타입</td><td colspan="2">☐ 오일 ☑ 크림</td></tr>
<tr><td colspan="3">손을 이용한 관리 형태</td><td colspan="2">☑ 일반 ☐ 림프</td></tr>
<tr><td colspan="2" rowspan="3">팩</td><td>T존</td><td colspan="2">☑ 건성타입 ☐ 정상타입 ☐ 지성타입</td></tr>
<tr><td>U존</td><td colspan="2">☑ 건성타입 ☐ 정상타입 ☐ 지성타입</td></tr>
<tr><td>목</td><td colspan="2">☑ 건성타입 ☐ 정상타입 ☐ 지성타입</td></tr>
<tr><td colspan="2">마스크</td><td colspan="3">☐ 석고마스크 ☐ 고무모델링마스크</td></tr>
<tr><td colspan="2" rowspan="4">고객<br>관리계획</td><td>1주</td><td colspan="2">클렌징 → 딥클렌징효소 → 매뉴얼 테크닉 → T존, U존, 목 : 히알루론산 팩 → 아이크림 → T존, U존, 목 : 영양크림</td></tr>
<tr><td>2주</td><td colspan="2">클렌징 → 딥클렌징효소 → 매뉴얼 테크닉 → T존, U존, 목 : 콜라겐 팩 → 아이크림 → T존, U존, 목 : 영양크림</td></tr>
<tr><td>3주</td><td colspan="2">클렌징 → 딥클렌징효소 → 매뉴얼 테크닉 → T존, U존, 목 : 비타민 C 팩 → 아이크림 → T존, U존, 목 : 영양크림</td></tr>
<tr><td>4주</td><td colspan="2">클렌징 → 딥클렌징고마쥐 → 매뉴얼 테크닉 → T존, U존, 목 : 세라마이드 팩 → 아이크림 → T존, U존, 목 : 영양크림</td></tr>
<tr><td rowspan="3">자가<br>관리<br>조언</td><td rowspan="2">제품</td><td>아침</td><td colspan="2">클렌저 → 토너 → 수분 세럼 → 아이크림 → 수분크림 → 자외선 차단제</td></tr>
<tr><td>저녁</td><td colspan="2">클렌저 → 토너 → 수분 앰플 → 아이크림 → 나이트크림</td></tr>
<tr><td>기타</td><td colspan="3">철저한 자외선 차단, 충분한 수분 공급, 클렌징에 주의, 규칙적인 운동, 균형 있는 식생활</td></tr>
</table>

## 3. 지성 + 지성 + 지성

<table>
<tr><th colspan="4">관리계획 차트</th></tr>
<tr><td colspan="2">비번호</td><td>형별</td><td>시험일자</td></tr>
<tr><td>관리목적</td><td colspan="3">T존, U존, 목 : 모공을 청결히 하고 피지 분비량을 조절해 피지샘의 기능을 정상화</td></tr>
<tr><td>기대효과</td><td colspan="3">T존, U존, 목 : 피부 트러블을 예방 및 개선하는 효과를 기대</td></tr>
<tr><td colspan="2">클렌징</td><td colspan="2">☐ 오일 ☐ 크림 ☑ 밀크/로션 ☐ 젤</td></tr>
<tr><td colspan="2">딥클렌징</td><td colspan="2">☐ 고마쥐 ☐ 효소 ☐ AHA ☐ 스크럽</td></tr>
<tr><td colspan="2">매뉴얼 테크닉 제품 타입</td><td colspan="2">☐ 오일 ☑ 크림</td></tr>
<tr><td colspan="2">손을 이용한 관리 형태</td><td colspan="2">☑ 일반 ☐ 림프</td></tr>
<tr><td rowspan="3">팩</td><td>T존</td><td colspan="2">☐ 건성타입 ☐ 정상타입 ☑ 지성타입</td></tr>
<tr><td>U존</td><td colspan="2">☐ 건성타입 ☐ 정상타입 ☑ 지성타입</td></tr>
<tr><td>목</td><td colspan="2">☐ 건성타입 ☐ 정상타입 ☑ 지성타입</td></tr>
<tr><td>마스크</td><td colspan="3">☐ 석고마스크 ☐ 고무모델링마스크</td></tr>
<tr><td rowspan="4">고객<br>관리계획</td><td>1주</td><td colspan="2">클렌징 → 딥클렌징 효소 → 매뉴얼 테크닉 → T존, U존, 목 : 클레이 팩 → 아이크림 → T존, U존, 목 : 오일프리 수분크림</td></tr>
<tr><td>2주</td><td colspan="2">클렌징 → 딥클렌징 AHA → 매뉴얼 테크닉 → T존, U존, 목 : 산소 팩 → 아이크림 → T존, U존, 목 : 오일프리 수분크림</td></tr>
<tr><td>3주</td><td colspan="2">클렌징 → 딥클렌징 스크럽 → 매뉴얼 테크닉 → T존, U존, 목 : 퓨리파잉 팩 → 아이크림 → T존, U존, 목 : 오일프리 수분크림</td></tr>
<tr><td>4주</td><td colspan="2">클렌징 → 딥클렌징 고마쥐 → 매뉴얼 테크닉 → T존, U존, 목 : 티트리 팩 → 아이크림 → T존, U존, 목 : 오일프리 수분크림</td></tr>
<tr><td rowspan="3">자가<br>관리<br>조언</td><td rowspan="2">제품</td><td>아침</td><td>클렌저 → 토너 → 아이크림 → 매티파잉 에멀전 → 자외선 차단제</td></tr>
<tr><td>저녁</td><td>클렌저 → 토너 → 아이크림 → 오일프리 수분크림</td></tr>
<tr><td>기타</td><td colspan="2">논코메도제닉 및 오일프리 화장품 사용, 주기적인 딥클렌징, 충분한 수분 공급, 규칙적인 운동, 균형 있는 식생활</td></tr>
</table>

## 4. 정상 + 건성 + 건성

| 관리계획 차트 | | | |
|---|---|---|---|
| 비번호 | 형별 | 시험일자 | |
| 관리목적 | T존 : 정상 타입으로 유수분 밸런스를 유지<br>U존, 목 : 건성 타입으로 피지선을 촉진하며 보습력을 높여 정상피부 회복 | | |
| 기대효과 | T존 : 현재보다 더 건강한 정상피부로 개선 기대<br>U존, 목 : 적절한 유수분 공급으로 밸런스를 맞추어 건강한 피부로 개선 기대 | | |
| 클렌징 | ☐ 오일 ☐ 크림 ☑ 밀크/로션 ☐ 젤 | | |
| 딥클렌징 | ☐ 고마쥐 ☐ 효소 ☐ AHA ☐ 스크럽 | | |
| 매뉴얼 테크닉 제품 타입 | ☐ 오일 ☑ 크림 | | |
| 손을 이용한 관리 형태 | ☑ 일반 ☐ 림프 | | |
| 팩 | T존 | ☐ 건성타입 ☑ 정상타입 ☐ 지성타입 | |
| | U존 | ☑ 건성타입 ☐ 정상타입 ☐ 지성타입 | |
| | 목 | ☑ 건성타입 ☐ 정상타입 ☐ 지성타입 | |
| 마스크 | ☐ 석고마스크 ☐ 고무모델링마스크 | | |
| 고객 관리 계획 | 1주 | 클렌징 → 딥클렌징효소 → 매뉴얼 테크닉 → T존 : 콜라겐 팩 / U존, 목 : 히알루론산 팩 → 아이크림 → T존 : 수분크림 / U존, 목 : 영양크림 | |
| | 2주 | 클렌징 → 딥클렌징효소 → 매뉴얼 테크닉 → T존 : 비타민 C 팩 / U존, 목 : 콜라겐 팩 → 아이크림 → T존 : 수분크림 / U존, 목 : 영양크림 | |
| | 3주 | 클렌징 → 딥클렌징효소 → 매뉴얼 테크닉 → T존 : 세라마이드 팩 / U존, 목 : 비타민 C 팩 → 아이크림 → T존 : 수분크림 / U존, 목 : 영양크림 | |
| | 4주 | 클렌징 → 딥클렌징고마쥐 → 매뉴얼 테크닉 → T존 : 히알루론산 팩 / U존, 목 : 세라마이드 팩 → 아이크림 → T존 : 수분크림 / U존, 목 : 영양크림 | |
| 자가 관리 조언 | 제품 | 아침 | 클렌저 → 유연 토너 → 수분 세럼 → 아이크림 → T존 : 수분크림 / U존, 목 : 영양크림 → 자외선 차단제 |
| | | 저녁 | 클렌저 → 유연 토너 → 수분 앰플 → 아이크림 → T존, U존, 목 : 나이트 크림 |
| | 기타 | 철저한 자외선 차단, 충분한 수분 공급, 클렌징에 주의, 규칙적인 운동, 균형 있는 식생활 | |

## 5. 지성 + 정상 + 정상

<table>
<tr><th colspan="4">관리계획 차트</th></tr>
<tr><td colspan="2">비번호</td><td>형별</td><td>시험일자</td></tr>
<tr><td colspan="1">관리목적</td><td colspan="3">T존 : 지성 타입으로 모공을 청결히 하고 피지 분비 조절<br>U존, 목 : 정상 타입으로 유수분 밸런스를 적절히 유지</td></tr>
<tr><td>기대효과</td><td colspan="3">T존 : 과도한 유분감으로 인한 트러블 예방 및 개선하여 정상 피부로 기대<br>U존, 목 : 꾸준한 보습과 각질관리로 건강하고 탄력있는 피부로 기대</td></tr>
<tr><td colspan="2">클렌징</td><td colspan="2">☐ 오일 ☐ 크림 ☑ 밀크/로션 ☐ 젤</td></tr>
<tr><td colspan="2">딥클렌징</td><td colspan="2">☐ 고마쥐 ☐ 효소 ☐ AHA ☐ 스크럽</td></tr>
<tr><td colspan="2">매뉴얼 테크닉 제품 타입</td><td colspan="2">☐ 오일 ☑ 크림</td></tr>
<tr><td colspan="2">손을 이용한 관리 형태</td><td colspan="2">☑ 일반 ☐ 림프</td></tr>
<tr><td rowspan="3">팩</td><td>T존</td><td colspan="2">☐ 건성타입 ☐ 정상타입 ☑ 지성타입</td></tr>
<tr><td>U존</td><td colspan="2">☐ 건성타입 ☑ 정상타입 ☐ 지성타입</td></tr>
<tr><td>목</td><td colspan="2">☐ 건성타입 ☑ 정상타입 ☐ 지성타입</td></tr>
<tr><td>마스크</td><td colspan="3">☐ 석고마스크 ☐ 고무모델링마스크</td></tr>
<tr><td rowspan="4">고객 관리 계획</td><td>1주</td><td colspan="2">클렌징 → 딥클렌징효소 → 매뉴얼 테크닉 → T존 : 클레이 팩 / U존, 목 : 히알루론산 팩 → 아이크림 → T존 : 수분크림 / U존, 목 : 영양크림</td></tr>
<tr><td>2주</td><td colspan="2">클렌징 → 딥클렌징효소 → 매뉴얼 테크닉 → T존 : 클레이 팩 / U존, 목 : 히알루론산 팩 → 아이크림 → T존 : 수분크림 / U존, 목 : 영양크림</td></tr>
<tr><td>3주</td><td colspan="2">클렌징 → 딥클렌징AHA → 매뉴얼 테크닉 → T존 : 퓨리파잉 팩 / U존, 목 : 비타민C 팩 → 아이크림 → T존 : 수분크림 / U존, 목 : 영양크림</td></tr>
<tr><td>4주</td><td colspan="2">클렌징 → 딥클렌징고마쥐 → 매뉴얼 테크닉 → T존 : 티트리 팩 / U존, 목 : 세라마이드 팩 → 아이크림 → T존 : 수분크림 / U존, 목 : 영양크림</td></tr>
<tr><td rowspan="3">자가 관리 조언</td><td rowspan="2">제품</td><td>아침</td><td>클렌저 → 토너 → 아이크림 → T존 매티파잉 에멀전 / U존, 목 수분크림 → 자외선 차단제</td></tr>
<tr><td>저녁</td><td>클렌저 → 토너 → 아이크림 → T존 오일프리 수분크림 / U존 나이트 크림</td></tr>
<tr><td>기타</td><td colspan="2">충분한 수분 공급, 규칙적인 운동, 균형 있는 식생활</td></tr>
</table>

## 6. 지성 + 건성 + 정상

<table>
<tr><th colspan="4">관리계획 차트</th></tr>
<tr><td colspan="2">비번호</td><td>형별</td><td>시험일자</td></tr>
<tr><td colspan="2">관리목적</td><td colspan="2">T존 : 지성 타입으로 모공을 청결히 하고 피지 분비 조절<br>U존 : 건성 타입으로 피지선을 촉진하고 보습력 공급<br>목 : 정상타입으로 현재 피부를 유수분 밸런스 유지</td></tr>
<tr><td colspan="2">기대효과</td><td colspan="2">T존 : 각질제거, 피지흡착, 모공수축을 통한<br>U존 : 피지선의 기능 활성화를 통해 매끄러운 피부로 기대<br>목 : 유수분 밸런스를 맞추어 촉촉하고 건강한 피부로 기대</td></tr>
<tr><td colspan="2">클렌징</td><td colspan="2">☐ 오일 ☐ 크림 ☑ 밀크/로션 ☐ 젤</td></tr>
<tr><td colspan="2">딥클렌징</td><td colspan="2">☐ 고마쥐 ☐ 효소 ☐ AHA ☐ 스크럽</td></tr>
<tr><td colspan="2">매뉴얼 테크닉 제품 타입</td><td colspan="2">☐ 오일 ☑ 크림</td></tr>
<tr><td colspan="2">손을 이용한 관리 형태</td><td colspan="2">☑ 일반 ☐ 림프</td></tr>
<tr><td rowspan="3">팩</td><td>T존</td><td colspan="2">☐ 건성타입 ☐ 정상타입 ☑ 지성타입</td></tr>
<tr><td>U존</td><td colspan="2">☑ 건성타입 ☐ 정상타입 ☐ 지성타입</td></tr>
<tr><td>목</td><td colspan="2">☐ 건성타입 ☑ 정상타입 ☐ 지성타입</td></tr>
<tr><td colspan="2">마스크</td><td colspan="2">☐ 석고마스크 ☐ 고무모델링마스크</td></tr>
<tr><td rowspan="4">고객 관리 계획</td><td>1주</td><td colspan="2">클렌징 → 딥클렌징효소 → 매뉴얼 테크닉 → T존 : 클레이 팩 / U존 : 히알루론산 팩 / 목 : 콜라겐 팩 → 아이크림 → T존 : 오일프리 수분크림 / U존 : 영양크림 / 목 : 수분크림</td></tr>
<tr><td>2주</td><td colspan="2">클렌징 → 딥클렌징효소 → 매뉴얼 테크닉 → T존 : 산소 팩 / U존 : 콜라겐 팩 / 목 : 세라마이드 팩 → 아이크림 → T존 : 오일프리 수분크림 / U존 : 영양크림 / 목 : 수분크림</td></tr>
<tr><td>3주</td><td colspan="2">클렌징 → 딥클렌징효소 → 매뉴얼 테크닉 → T존 : 퓨리파잉 팩 / U존 : 펩타이드 팩 / 목 : 히알루론산 팩 → 아이크림 → T존 : 오일프리 수분크림 / U존 : 영양크림 / 목 : 수분크림</td></tr>
<tr><td>4주</td><td colspan="2">클렌징 → 딥클렌징고마쥐 → 매뉴얼 테크닉 → T존 : 티트리 팩 / U존 : 세라마이드 팩 / 목 : 비타민C 팩 → 아이크림 → T존 : 오일프리 수분크림 / U존 : 영양크림 / 목 : 수분크림</td></tr>
<tr><td rowspan="3">자가 관리 조언</td><td rowspan="2">제품</td><td>아침</td><td>클렌저 → 수렴 토너 → 아이크림 → 매티파잉 에멀전 → 자외선 차단제</td></tr>
<tr><td>저녁</td><td>클렌저 → 수렴 토너 → 아이크림 → T존 : 오일프리 수분크림 / U존 : 영양크림 / 목 : 나이트 크림</td></tr>
<tr><td>기타</td><td colspan="2">논코메도제닉 및 오일프리 화장품 사용, 주기적인 딥클렌징, 충분한 수분 공급, 규칙적인 운동, 균형 있는 식생활</td></tr>
</table>

# PART Ⅱ

## 기초 피부관리 실기

1. 준비하기
2. 클렌징
3. 눈썹정리
4. 딥클렌징
5. 매뉴얼 테크닉
6. 팩
7. 마스크

Chapter 4

# 기초 피부관리 실기

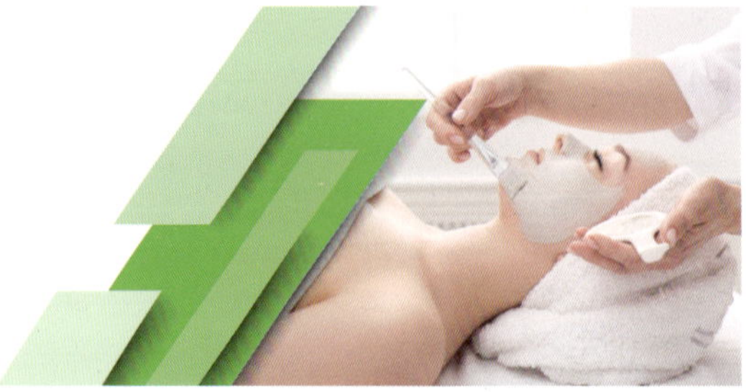

## 1. 준비하기

과제 시작 전, 준비 작업 시간을 별도로 부여하며 이때 과제에 필요한 작업물과 도구, 베드 등을 작업에 적합하도록 준비한 다음 대기한다. 특히 모델은 바로 작업이 가능한 상태여야 하며, 베드에 눕혀 대기할 수 있도록 준비한다.

### 1. 관리사

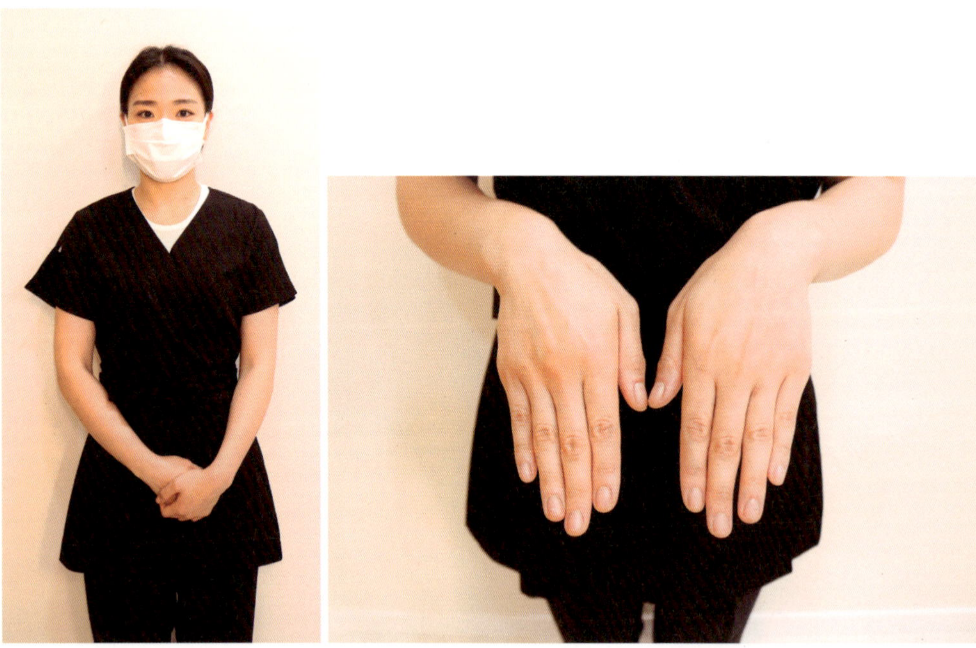

① 관리사는 반드시 위생복과 마스크 및 실내화를 착용해야 한다.

② 상의는 흰색 반팔 가운, 하의는 흰색 긴 바지로, 마스크와 실내화 또한 흰색으로 통일한다. 단, 헤어 액세서리의 경우 검은색을 사용해도 무방하다.

③ 네일은 컬러를 제거하고 짧게 정돈하고, 메이크업은 자연스럽게 한다. 헤어는 잔머리가 내려오지 않도록 머리끈이나 망, 핀 등으로 깔끔하게 묶거나 고정한다.

## 2. 모델

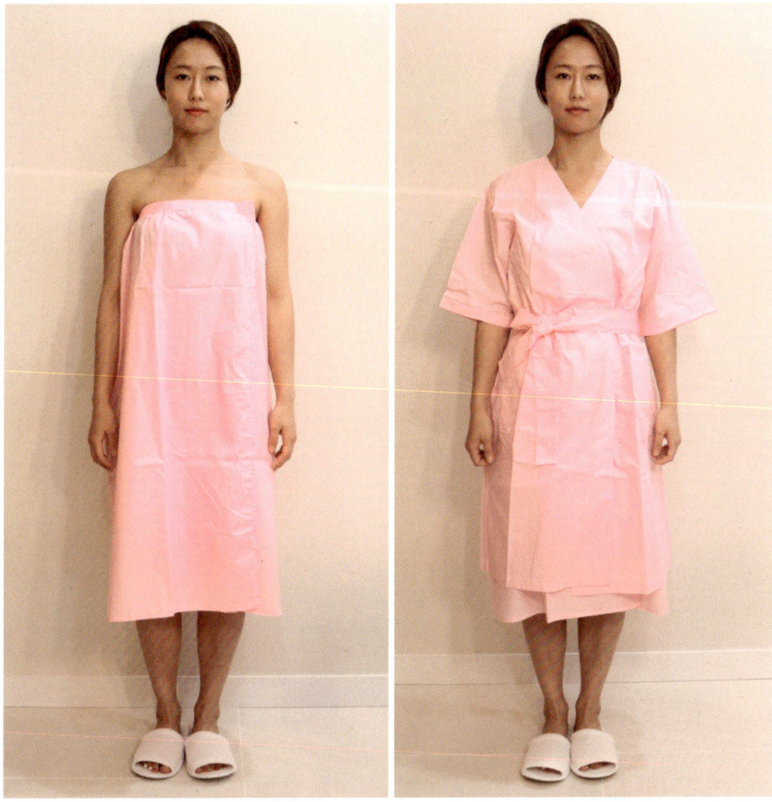

① 모델 또한 모델용 가운과 슬리퍼를 착용해야 한다.

② 시험 시작 전, 모델은 반드시 메이크업파운데이션, 아이섀도, 아이라인, 마스카라, 아이브로우, 립이 되어 있어야 한다.

③ 심한 민감성 피부 혹은 화농성 여드름이 있는 피부, 성형수술눈, 코, 턱 윤곽술 등 6개월 이내인 경우, 임산부 및 암환자, 이외 피부 질환을 가진 경우 모델이 될 수 없다.

④ 눈썹의 숱이 없거나 적어 눈썹관리에 적합하지 않은 경우 감점 등의 불이익을 당할 수 있으니 유의해야 한다.

## 3. 베드 세팅

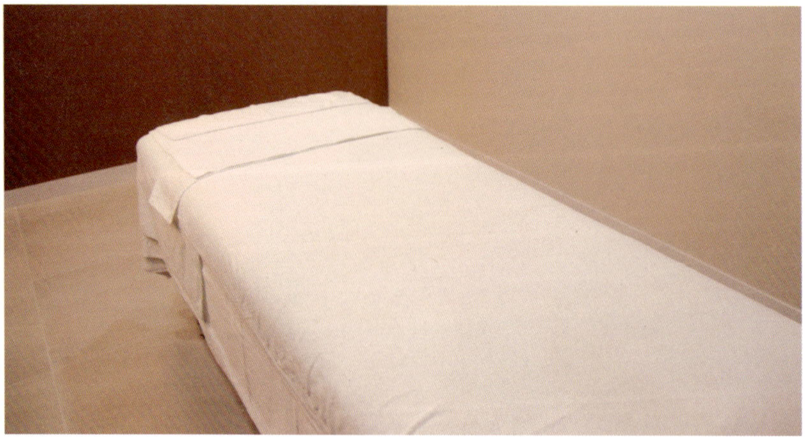

① 베드 위에 대타올 1장을 깔고, 그 위에 모델이 덮을 용도의 대타올 1장을 추가로 올린 다음 약 3분의 1가량 접는다.

② 접힌 부분에 소타올 1장을 가슴 앞쪽에 덧대어 앞섶용으로 올린다.

③ 베드 중간에 중타올을 가로로 길게 펼친 뒤, 모델이 누울 머리 방향에 소타올 1장과 터번벨크로형을 펼쳐둔다.

## 4. 웨건 세팅

### (1) 1단上

① 바구니 大

② 화장품 : 포인트 메이크업 리무버, 클렌징 로션, 토너, 진정 젤, 딥클렌징제고마쥐,

스크럽, AHA, 효소, 마사지 크림, 크림팩중성, 건성, 지성용, 석고 베이스 크림, 석고 마스크, 고무 모델링 마스크, 아이크림, 영양크림

③ 보관통 : 팩붓, 스파츌라, 눈썹브러시, 눈썹가위, 눈썹칼, 족집게, 면봉, 검정 볼펜관리계획표 작성용

④ 뚜껑 달린 보관통 ㉠ : 젖은 화장솜

⑤ 뚜껑 달린 보관통 ㉡ : 알코올 솜

⑥ 기타 : 유리볼소독하여 재사용 가능, 손소독제, 고무볼, 물병 또는 증류수병

### (2) 2단中

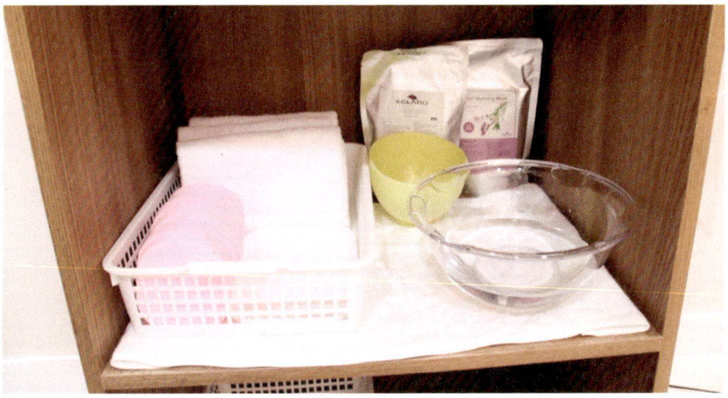

해면, 바구니 小, 해면볼미지근한 물 담은 상태, 미용티슈, 트레이온습포 담아오는 용도, 냉습포투명한 지퍼백에 담아 정리

### (3) 3단下

바구니 大, 보관통

## 2. 클렌징

| 작업과제 | 지참한 제품을 이용해 포인트 메이크업을 지우고 관리 범위를 클렌징한 후 해면 또는 코튼을 사용해 클렌징하고 피부를 정돈한다. |
|---|---|
| 준비물 | 포인트 메이크업 리무버, 클렌징 로션, 젖은 화장솜, 면봉, 티슈, 해면, 온습포, 토너 |
| 작업순서 | 1. 포인트 메이크업 지우기<br>2. 클렌징 |

### 1. 터번 착용하기

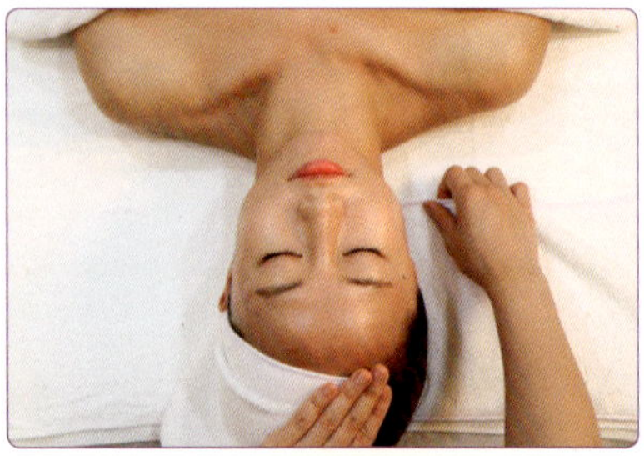

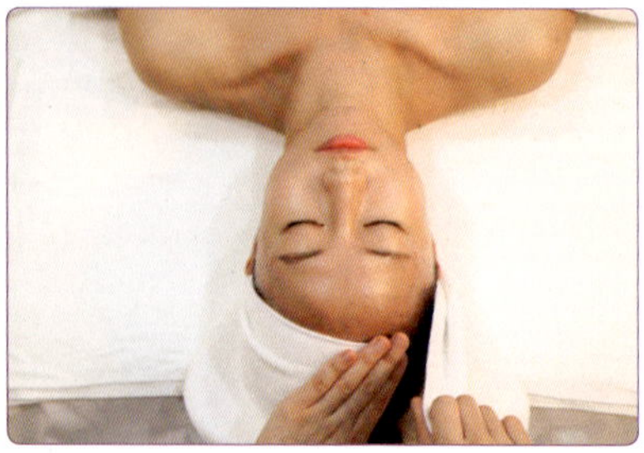

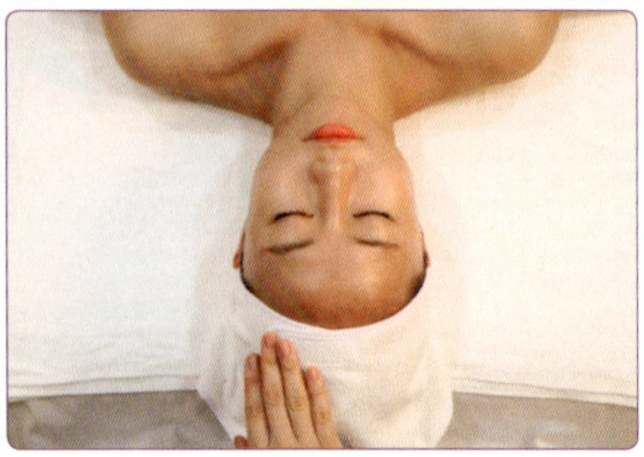

① 고객의 귀 뒤쪽과 이마 헤어라인에 맞춰 불편함을 느끼지 않도록 터번을 착용시킨다.

### 2. 손 소독하기

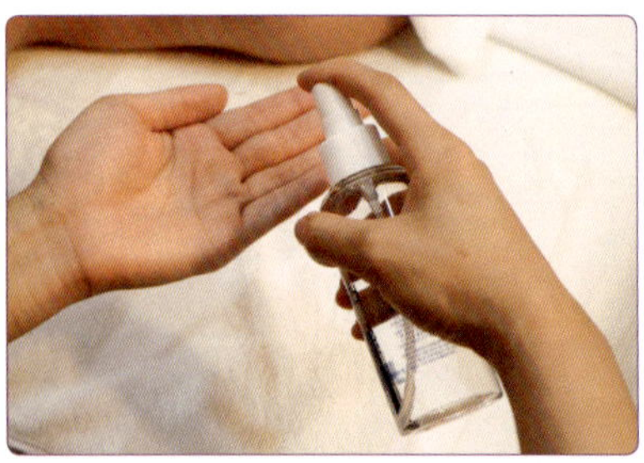

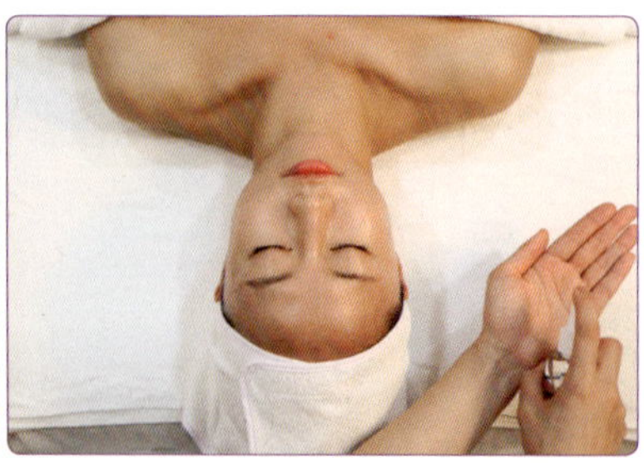

① 알코올을 이용해 손 소독을 한다.

## 3. 포인트 클렌징 준비 및 도포

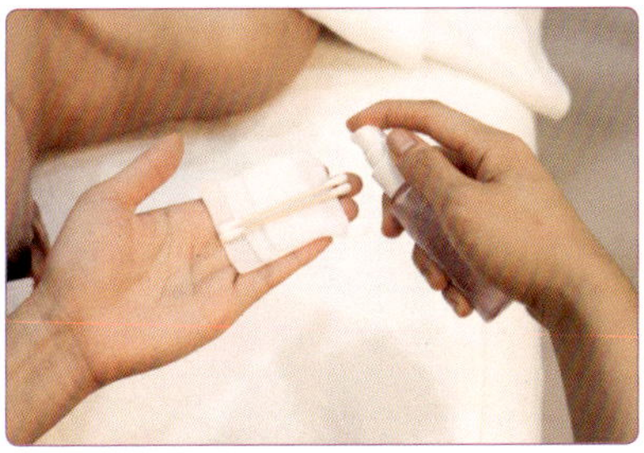
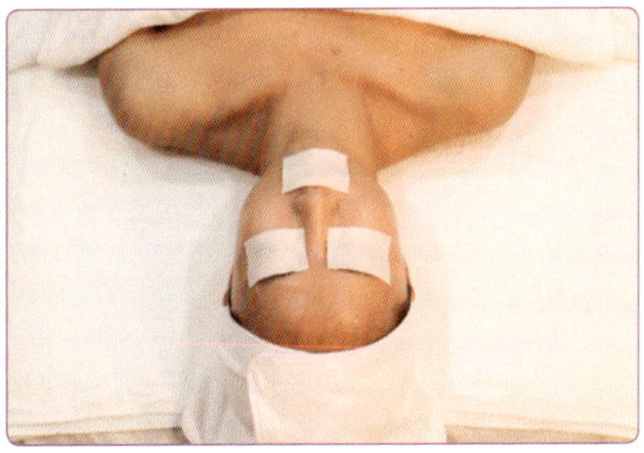

① 메이크업 전용 리무버 제품을 준비한다.

② 메이크업 전용 리무버를 화장솜에 적신 다음, 눈두덩이와 입술에 올린다.

## 4. 포인트 클렌징 동작

### (1) 아이 메이크업 지우기

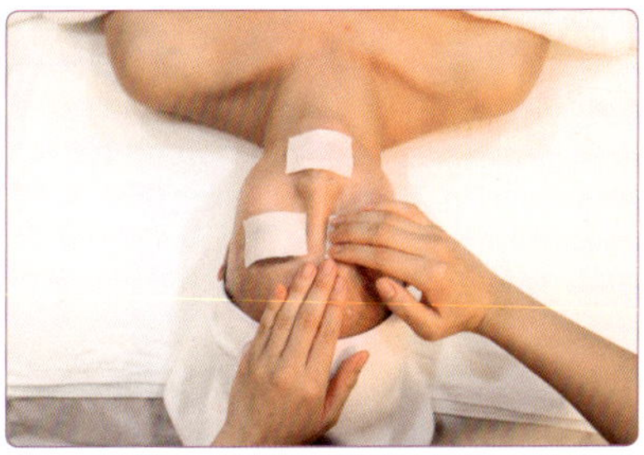

① 손 끝에 적당량의 힘을 주어 화장솜을 밀착시킨 다음 가로로 닦아낸다.

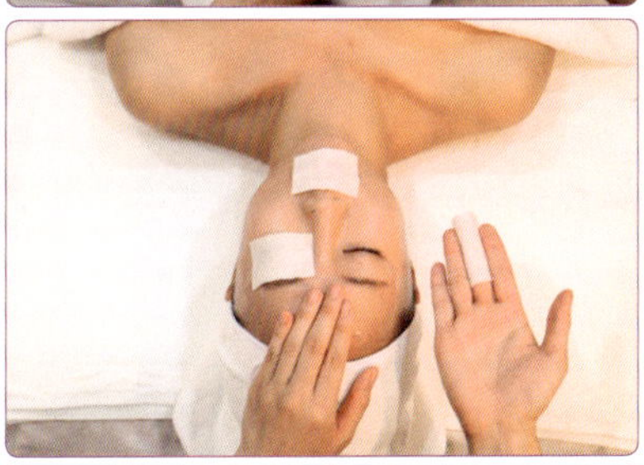
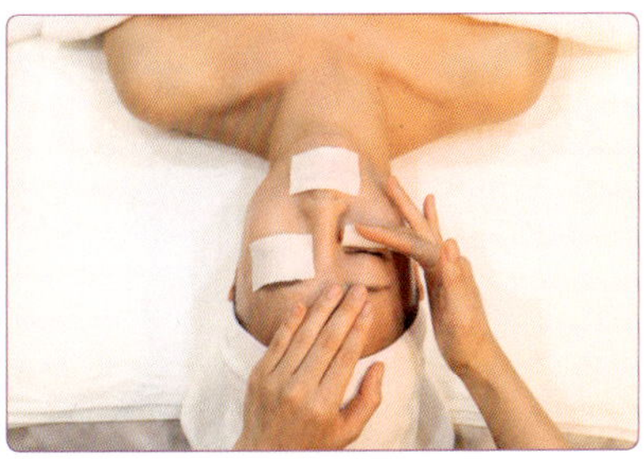

② 화장솜을 중지에 끼워 눈밑을 닦아낸다.

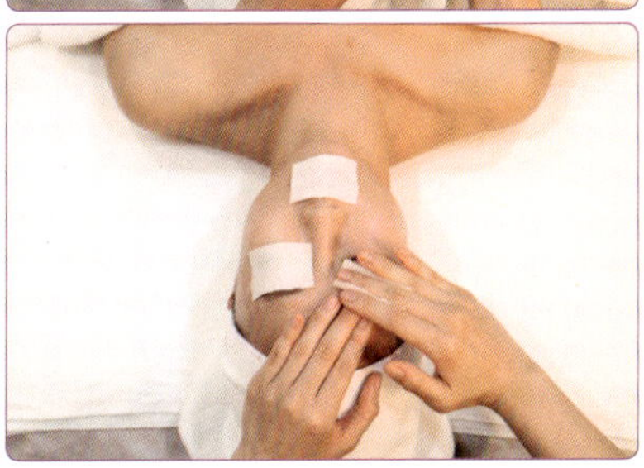
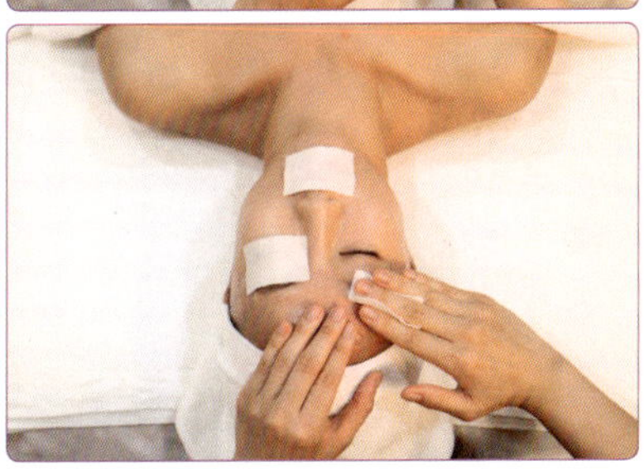

③ 화장솜을 중지에 끼워 눈두덩이와 눈썹을 닦아낸다.

### (2) 아이 메이크업 면봉 이용하여 지우기

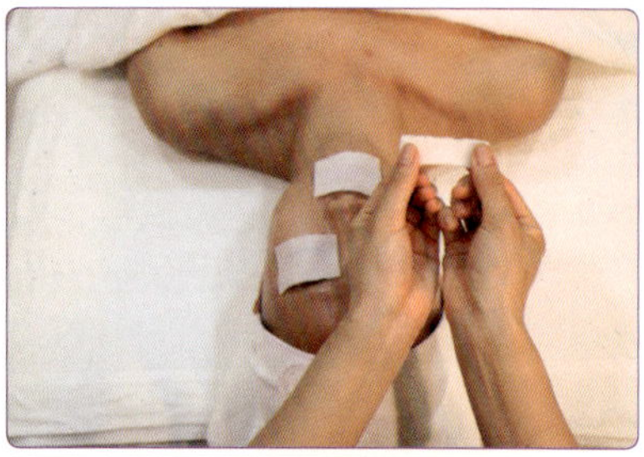
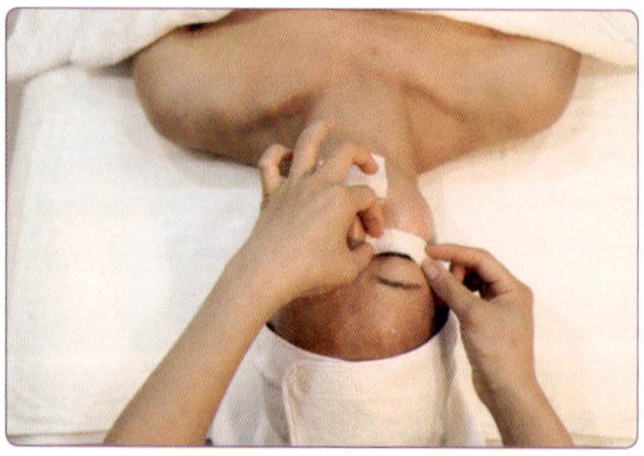

① 화장솜을 반으로 접어서 속눈썹 밑에 끼운다.

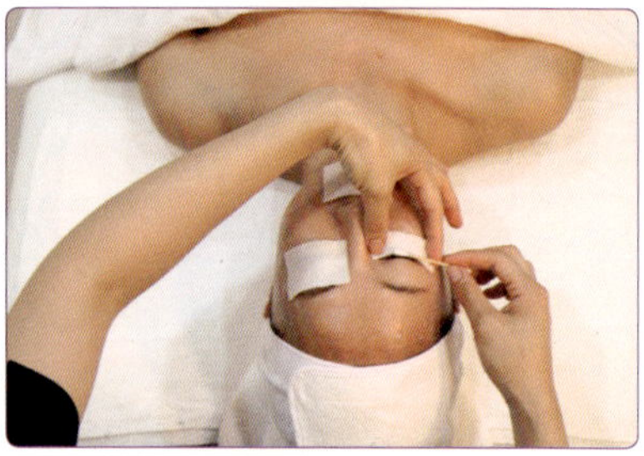
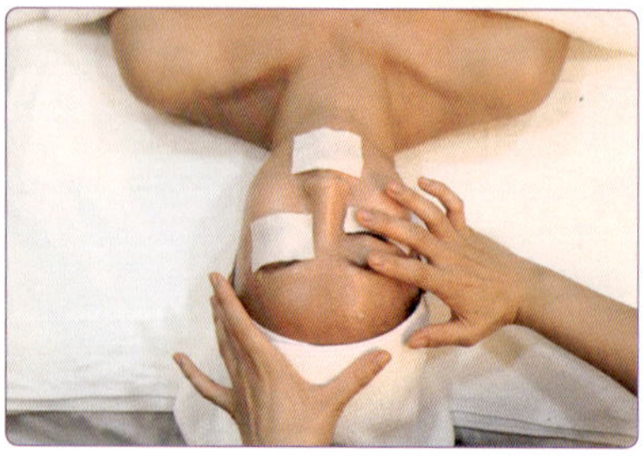

② 리무버를 묻힌 면봉을 이용해서 마스카라와 아이라이너를 닦아낸 뒤 화장솜을 접어 올려 쓸어준다.

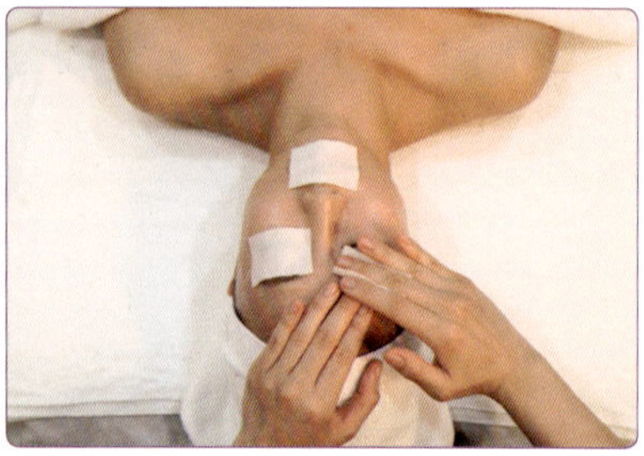

③ 잔여물을 깨끗한 화장솜으로 닦아낸다. (반대편도 동일)

### (3) 립 메이크업 지우기

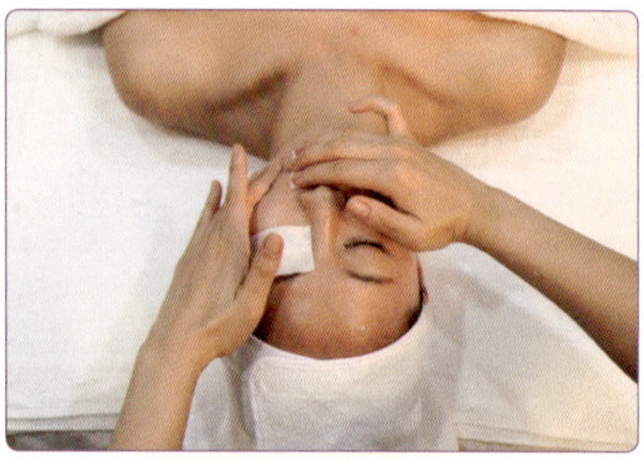
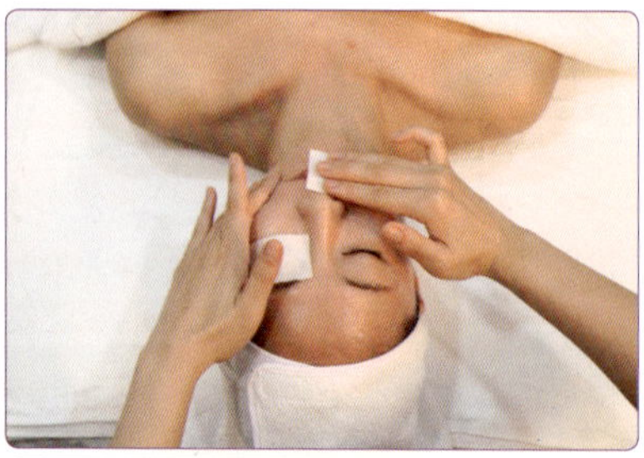

① 화장솜을 이용하여 입술을 가로로 닦아낸다.

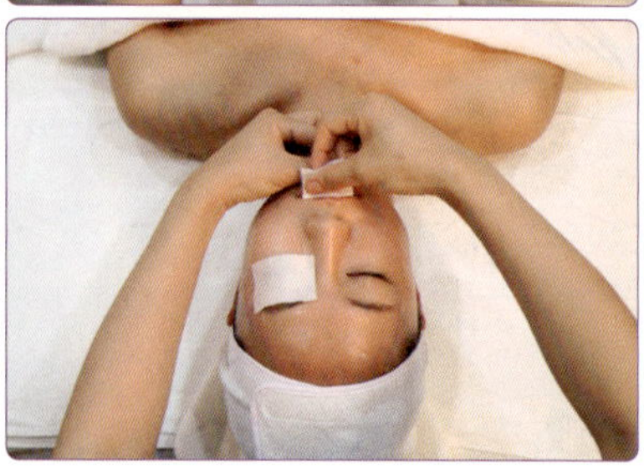
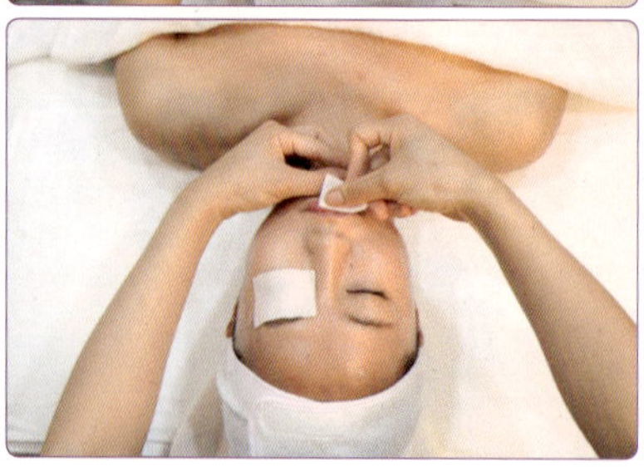

② 화장솜을 중지(엄지)에 끼워 아랫입술과 윗입술을 가로로 닦아낸다.

### (4) 립 메이크업 면봉 이용하여 지우기

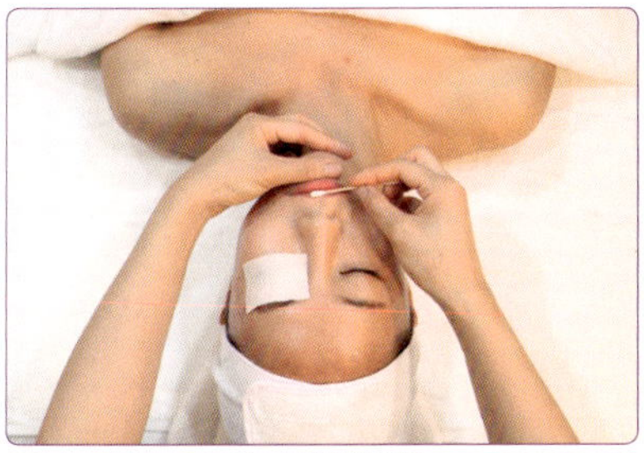

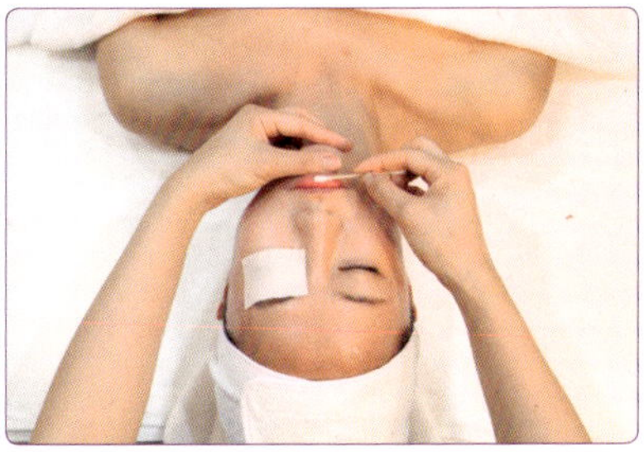

① 면봉을 이용하여 세로 방향으로 닦는다.

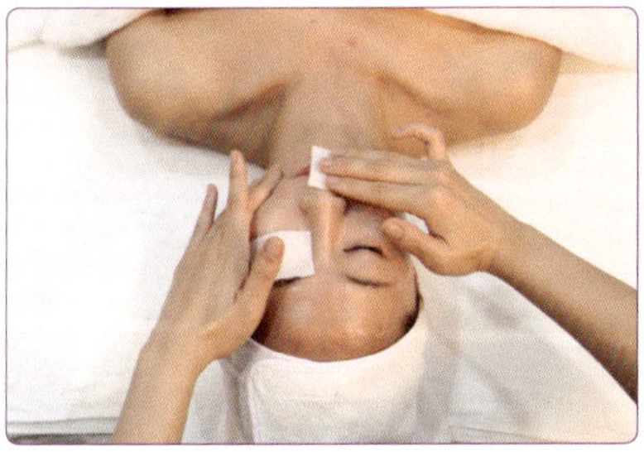

② 화장솜으로 다시 한 번 닦아낸다.

## 5. 클렌징 로션 준비 및 도포

### (1) 클렌징 로션 준비

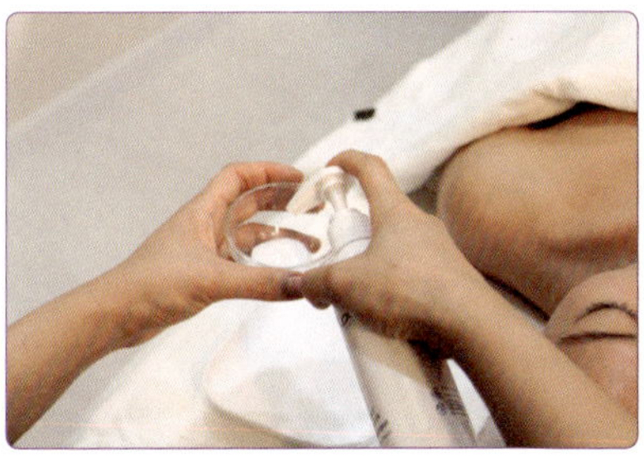

① 피부 타입에 맞는 클렌징 로션을 유리볼에 준비한다.

### (2) 클렌징 로션 얼굴 1차 도포

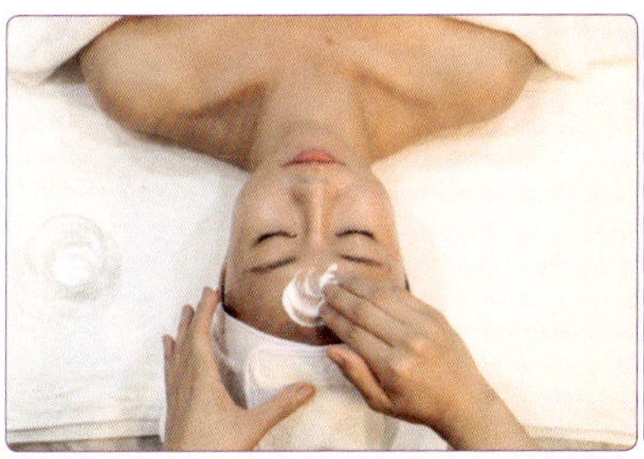

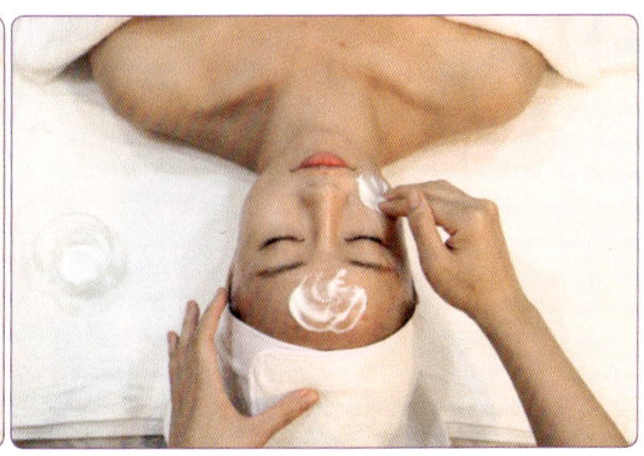

① 클렌징 로션을 이마 → 볼 → 턱 순으로 도포한다.

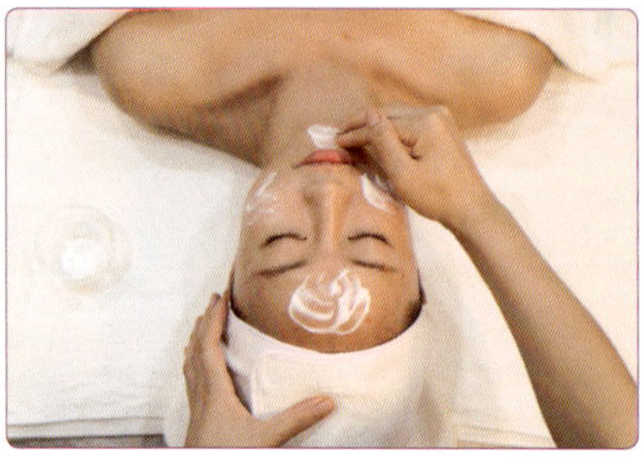

## (3) 클렌징 로션 데콜테 & 목 도포

① 클렌징 로션을 가로로 도포한다.

② 목 전체를 가로와 세로 방향으로 나누어 클렌징 로션을 도포한다.

## (4) 클렌징 로션 얼굴 2차 도포

① 클렌징 로션을 턱 → 입술 → 코 → 볼 → 눈 → 이마 순으로 나선형으로 도포한다.

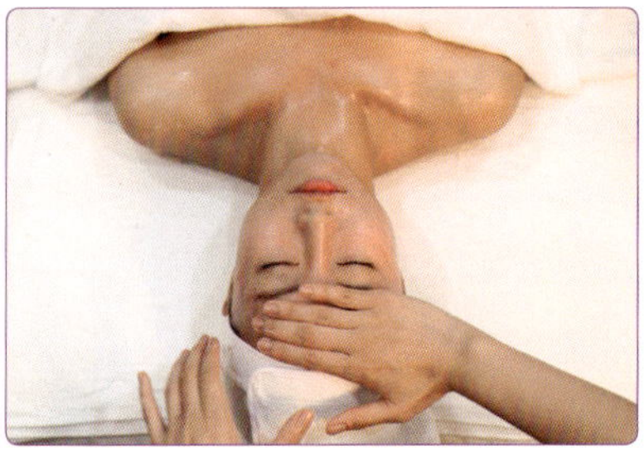

## 6. 클렌징 동작

### (1) 데콜테

① 데콜테를 손바닥 전체 밀착시켜 양손 번갈아 가로로 움직이며 쓸어준다.

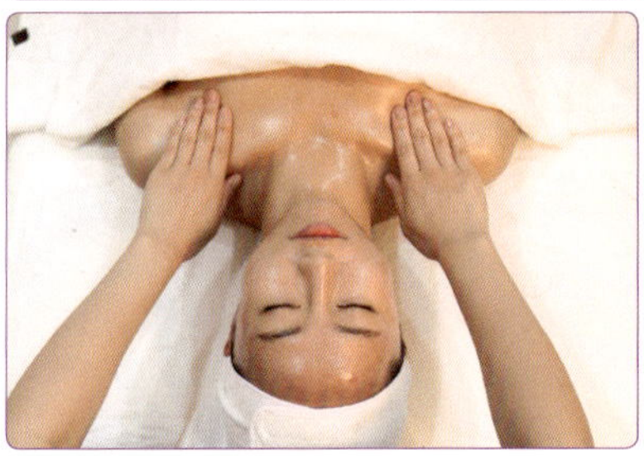

② 데콜테를 나선형으로 손가락 마디를 밀착시켜 문지른다.

### (2) 목

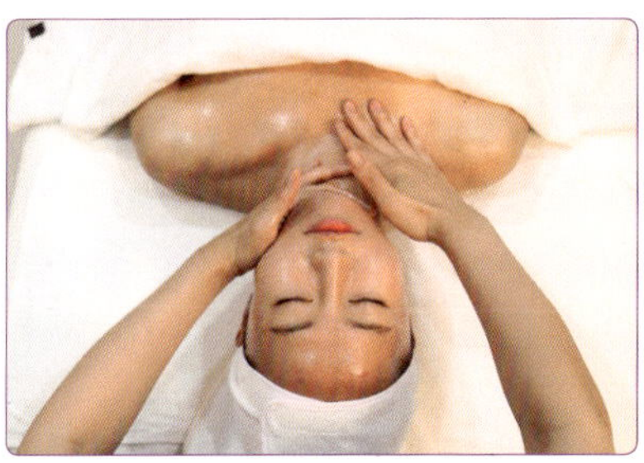

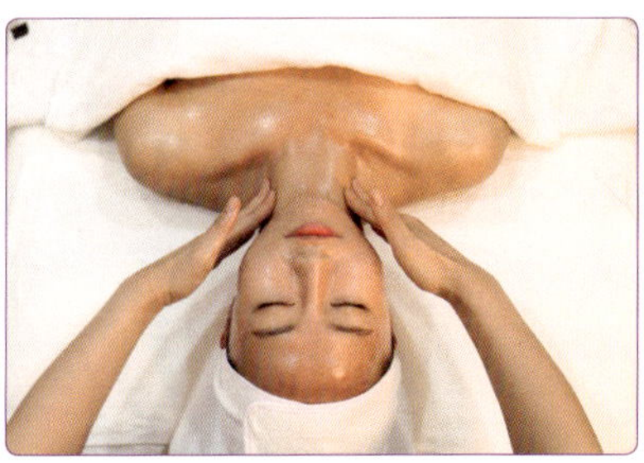

① 목을 세로로 쓸어 올려준다.
② 목을 나선형으로 문지른다.

### (3) 턱 & 입술 & 볼

① 턱 라인, 입술 주위, 볼 순서로 손바닥과 손가락을 밀착시켜 나선형으로 문지른다.

### (4) 코 & 눈 & 이마

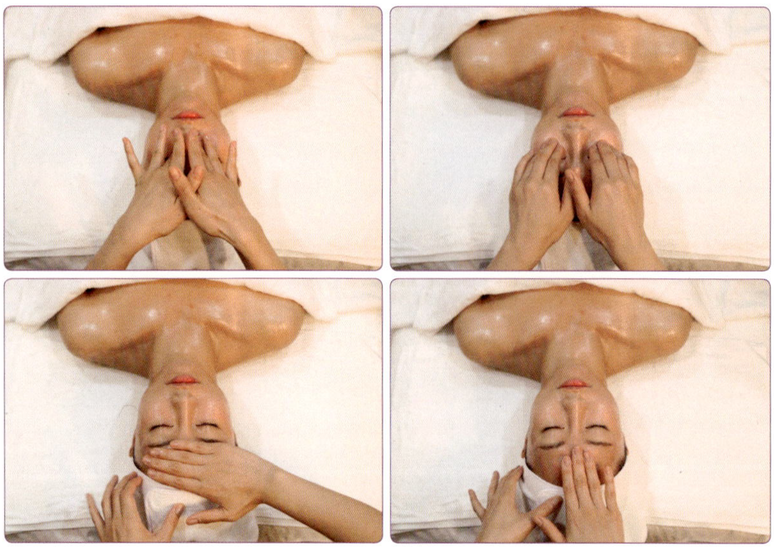

① 콧방울과 콧날, 측면을 중지를 이용해 문지르고, 눈 주변은 원을 그리며 쓸어준다.

② 이마는 손가락 마디와 손바닥을 이용해 가로와 세로 방향으로 문지른다.

## 7. 티슈 동작

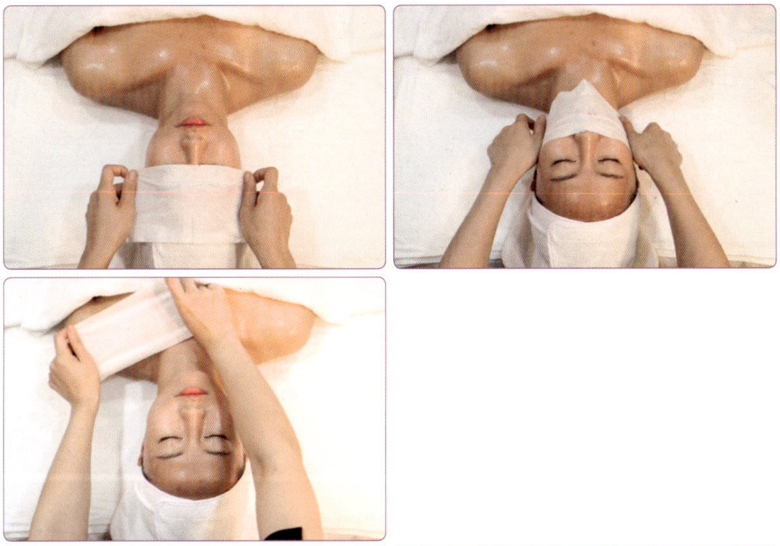

① 눈 위 → 눈 아래 → 목 → 데콜테 순으로 티슈를 접어서 유분기를 제거한다.

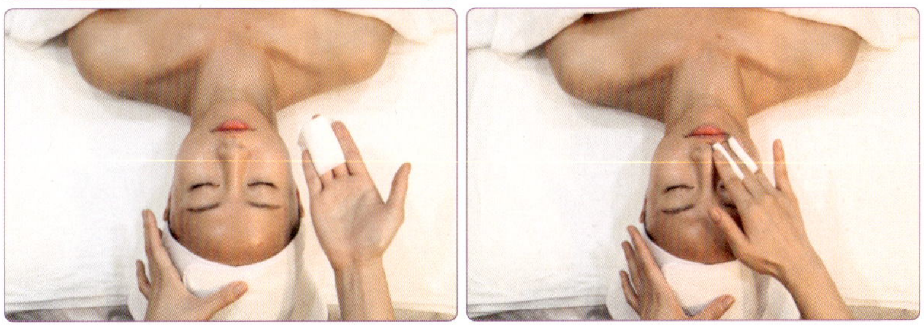

② 티슈를 중지에 끼워 입술 밑, 콧방울 등의 좁은 부위에 남아있는 유분기를 제거한다.

## 8. 해면 동작

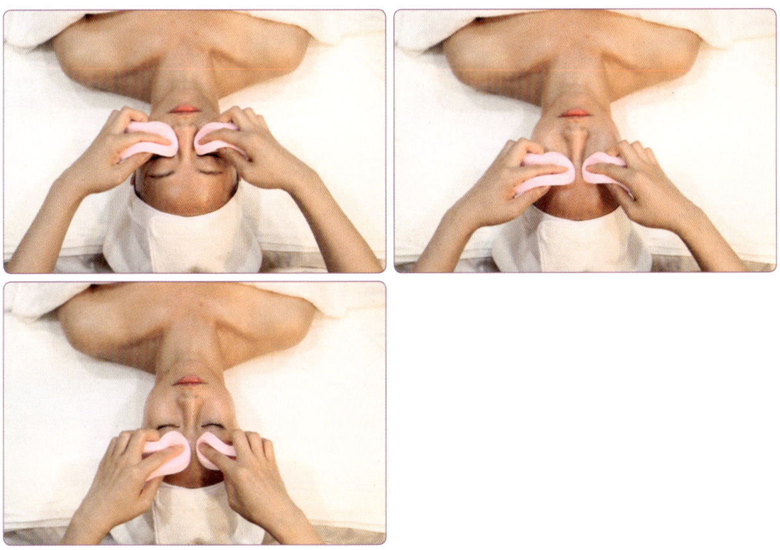

① 눈밑 → 눈두덩이 → 눈썹 순으로 중앙에서 바깥 방향으로 닦아준다.

② 미간은 세로 방향, 이마는 가로 방향으로 양손 번갈아 닦아준다.

③ 코는 미간에서 콧방울 방향으로 콧날과 측면을 닦아준다.

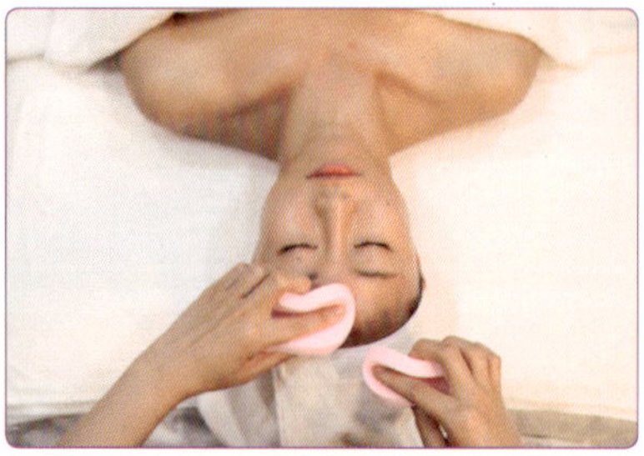
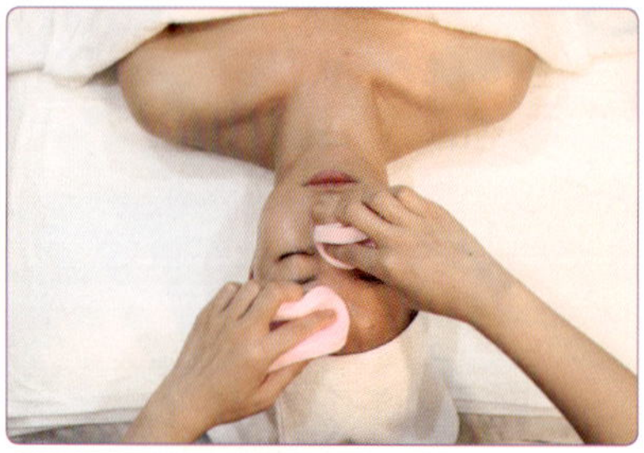
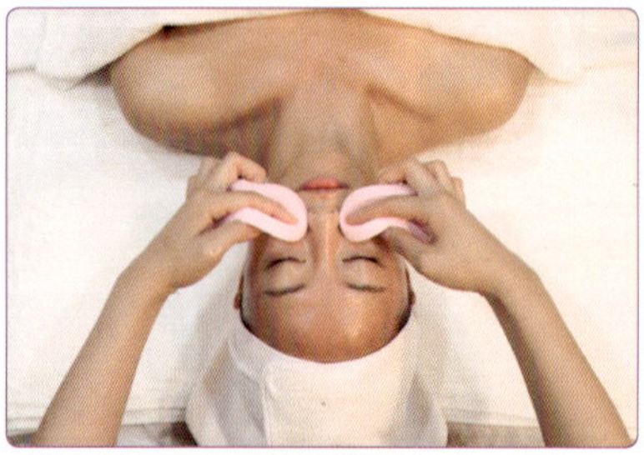

④ 턱 라인 전체를 한쪽 귓불 끝부터 반대편 귓불 끝까지 양손 번갈아 닦아준다.

⑤ 목을 가로 방향으로 양손 번갈아 닦아준다.

⑥ 데콜테를 가로 방향으로 닦아 어깨 라인을 거쳐 귀 끝까지 닦아준다.

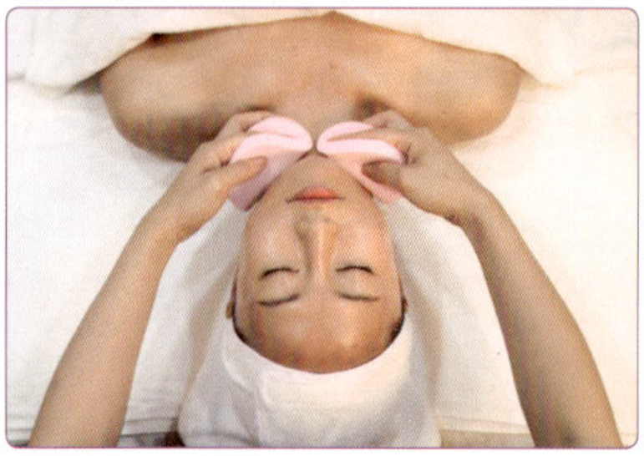

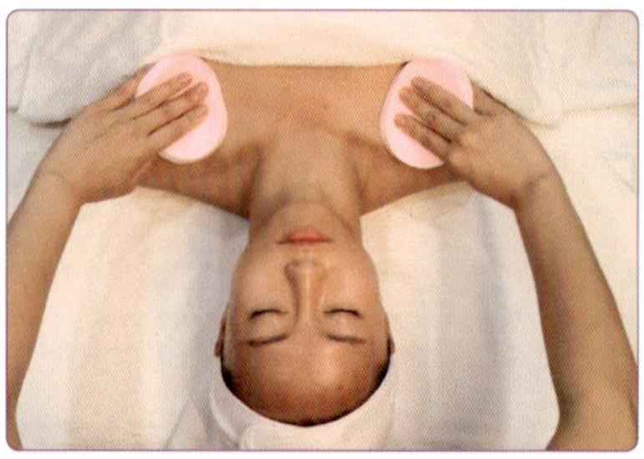
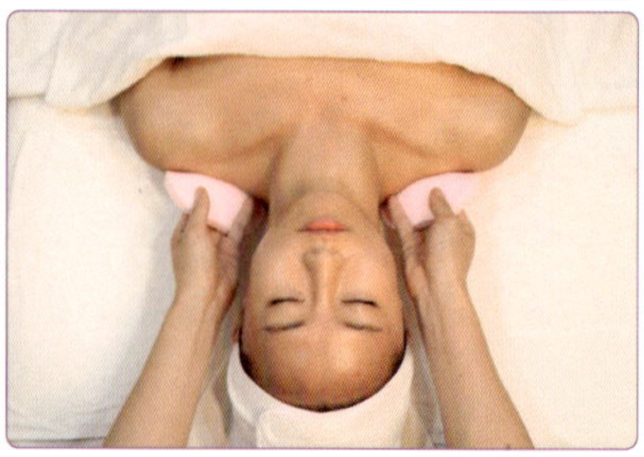
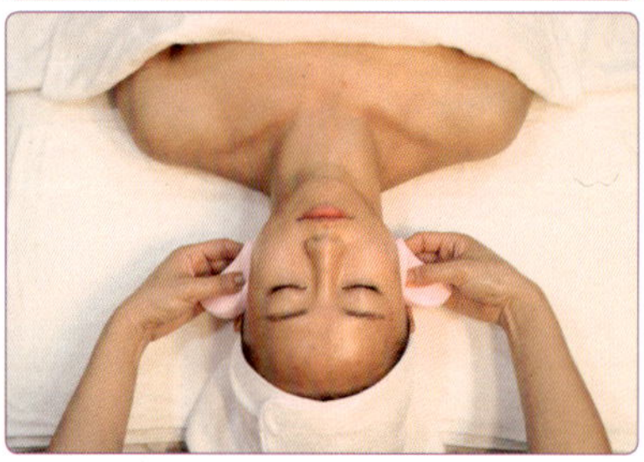

## 9. 해면 정리

① 사용한 해면은 3단 트레이에 가지런히 정리한다.

## 10. 온습포 준비

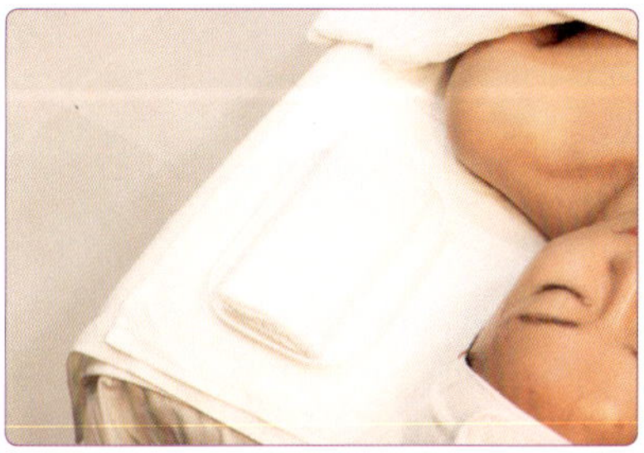

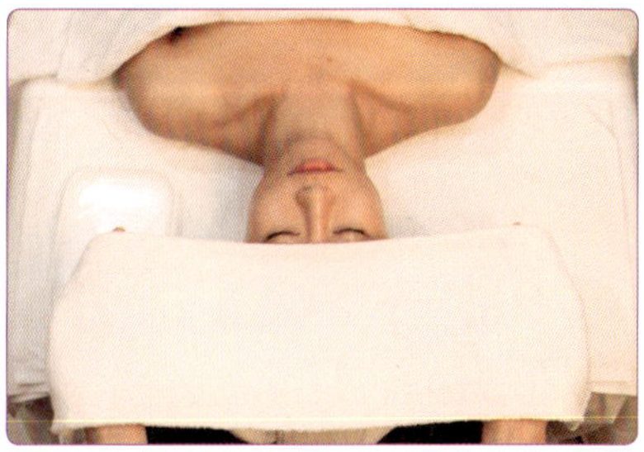

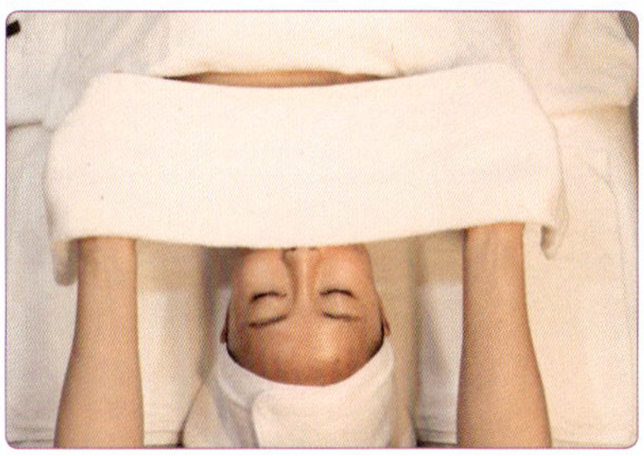

① 온장고에서 온습포를 준비한다.

## 11. 온습포 동작

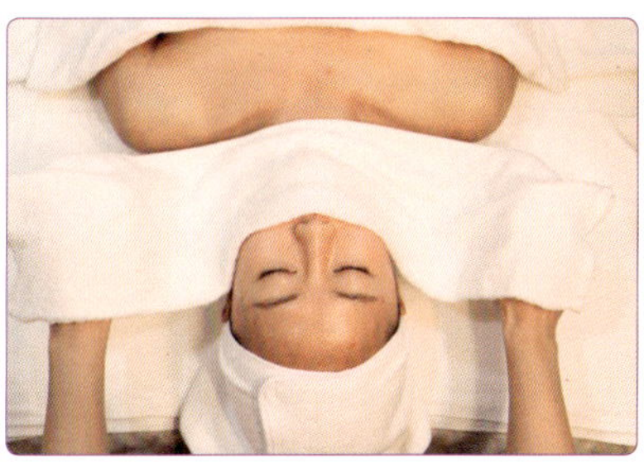

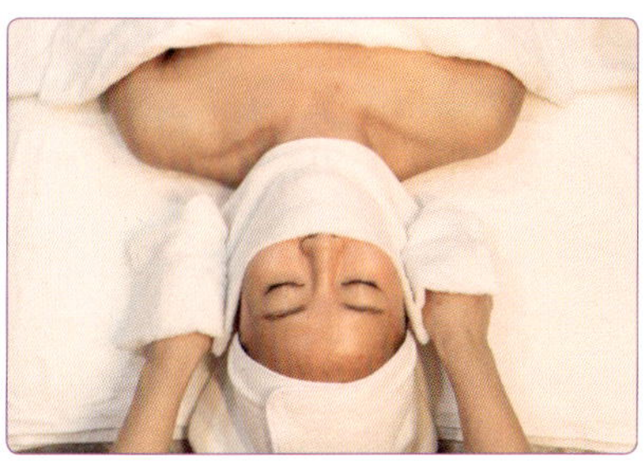

① 손목 안쪽에 온도를 체크하고 타올의 벌어지지 않는 부분을 코밑에 올려놓은 뒤에 살짝 당겨 준다.

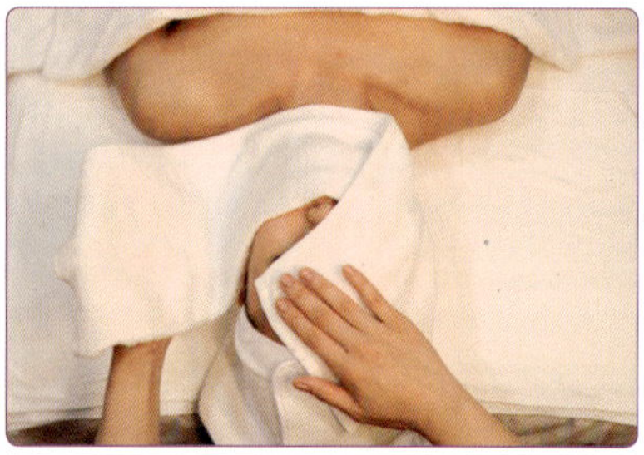
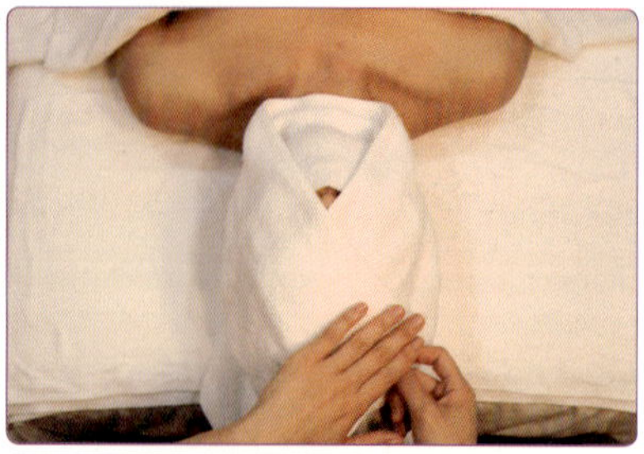

② 콧구멍을 가리지 않은 채로 타올을 삼각형 모양으로 얼굴 전체를 감싸도록 살며시 덮어준다.

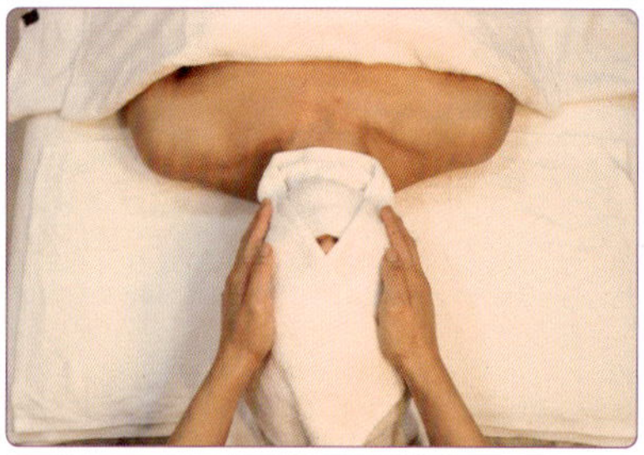
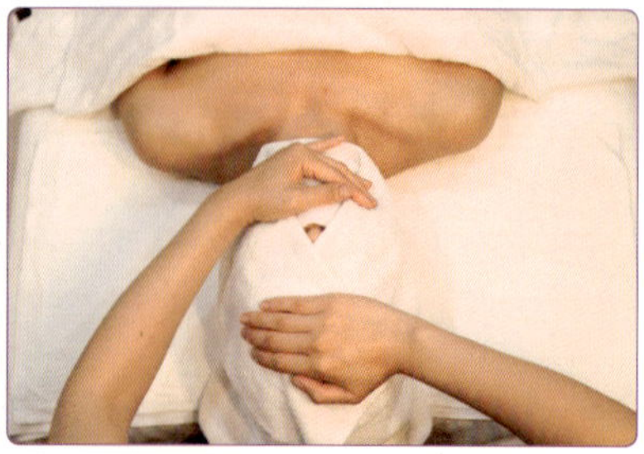

③ 온습포를 삼각형 모양으로 얼굴 전체에 올려놓은 뒤에 손바닥으로 지그시 눌러 준다.

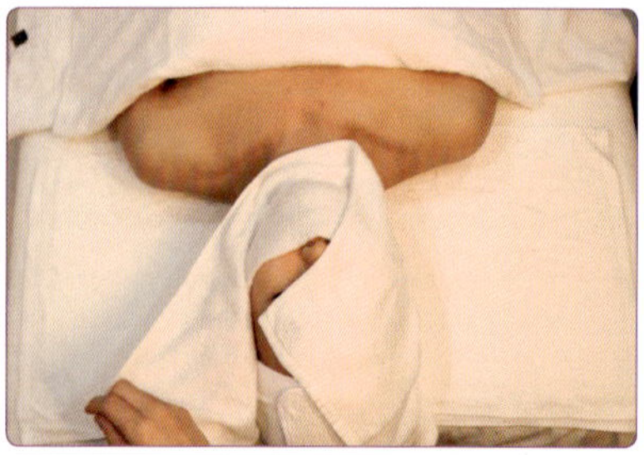
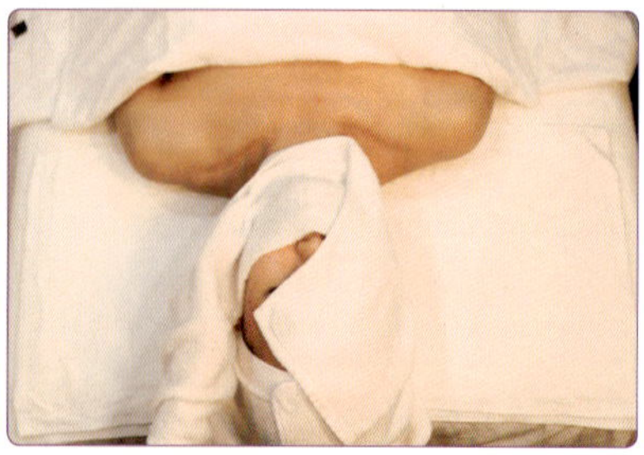

④ 올려놓은 온습포를 펼쳐 타올 사이에 손을 넣고 양 손등 위로 올려준다.

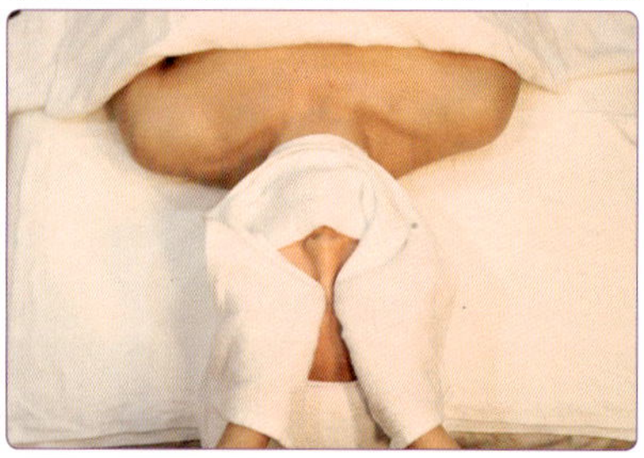
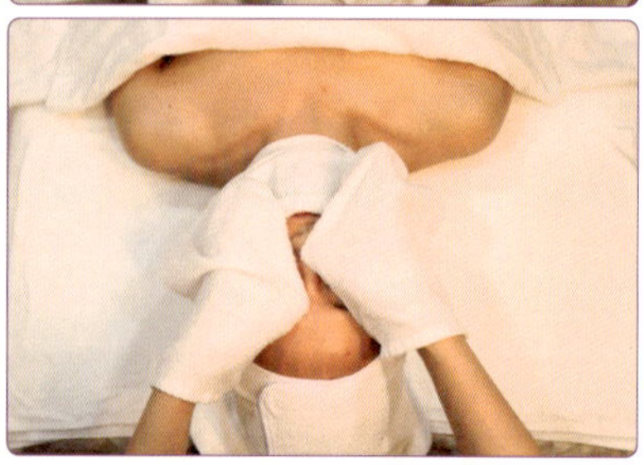

⑤ 엄지 손가락을 이용해서 눈 → 이마 → 코 → 볼 → 입 → 턱을 피부 결 방향으로 닦아준다.

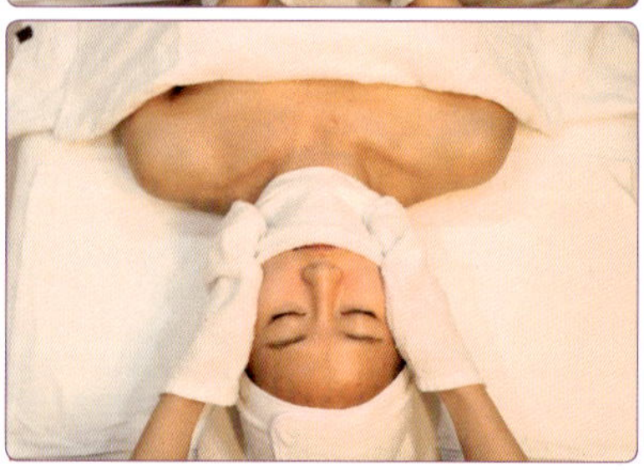
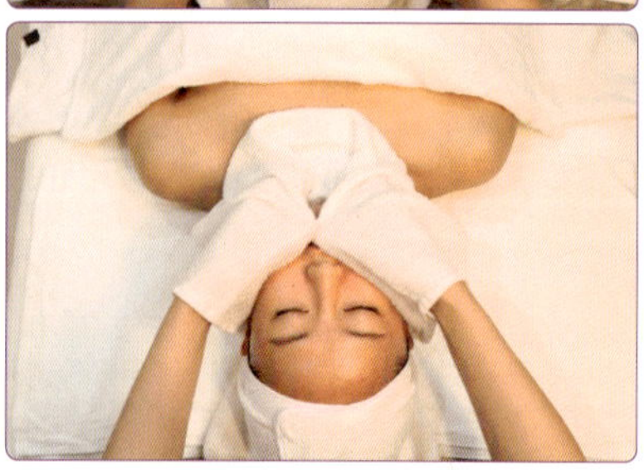
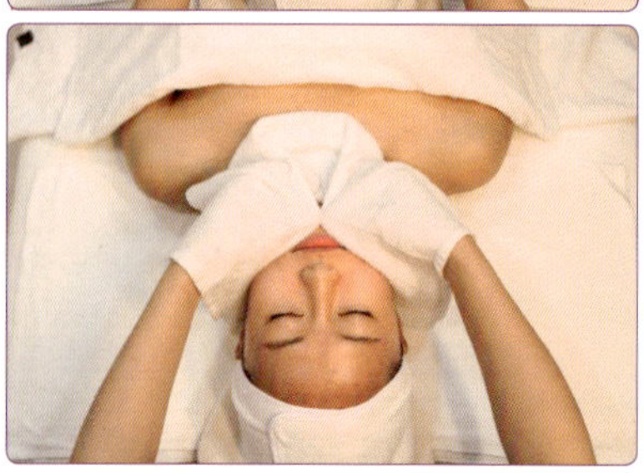

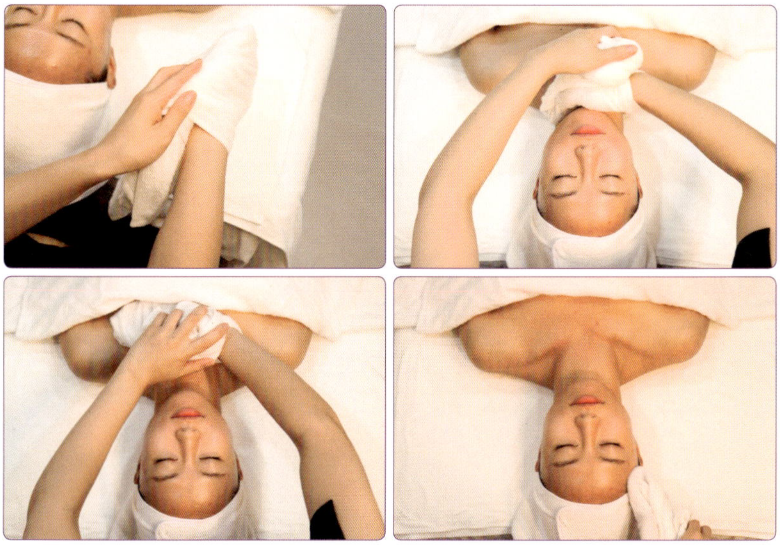

⑥ 온습포를 한쪽 손에 감싸서 목과 데콜테는 가로 방향으로, 헤어라인은 손끝으로 닦아준다.

## 12. 온습포 정리

① 사용한 온습포는 가지런히 접어 3단 트레이에 정리한다.

## 13. 토너 동작

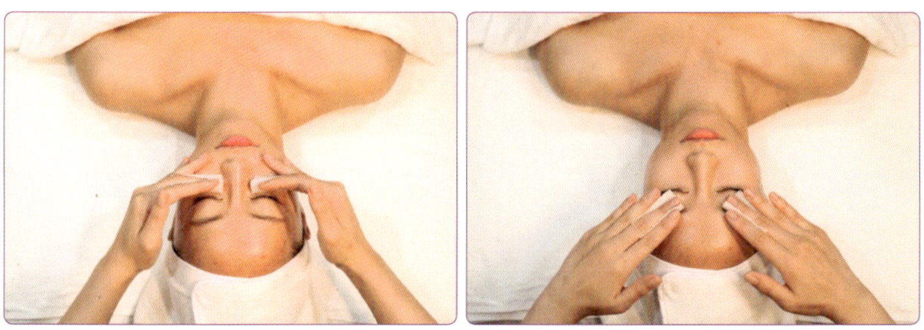

① 화장솜 2개에 토너를 적당량 묻혀서 양손 중지에 끼운 후 눈 밑 → 눈두덩이 → 눈썹 → 이마 순으로 피부결 방향으로 쓸어준다.

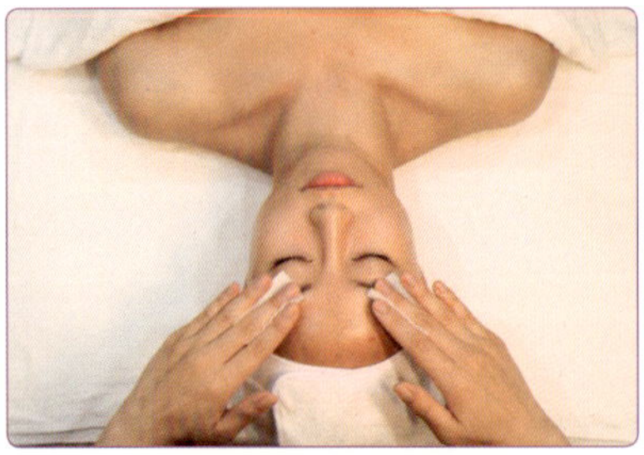
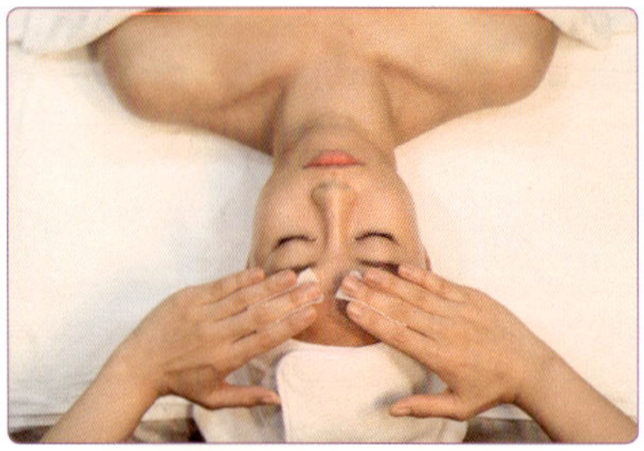
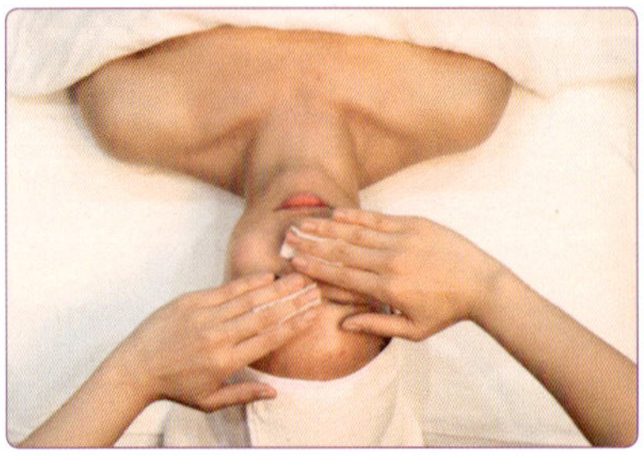
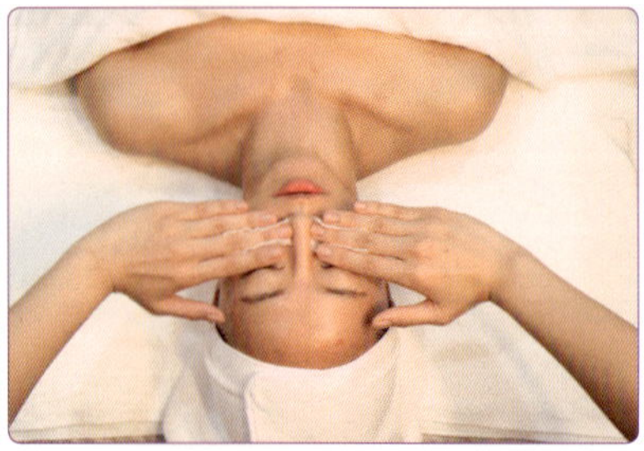

② 코 → 볼 → 입술 → 턱을 피부 결 방향으로 쓸어준다.

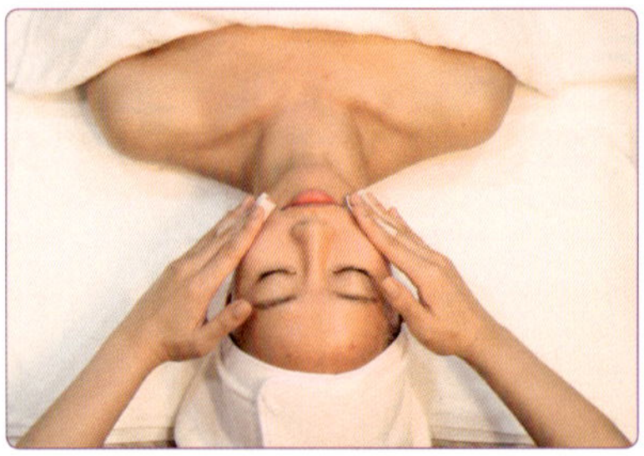
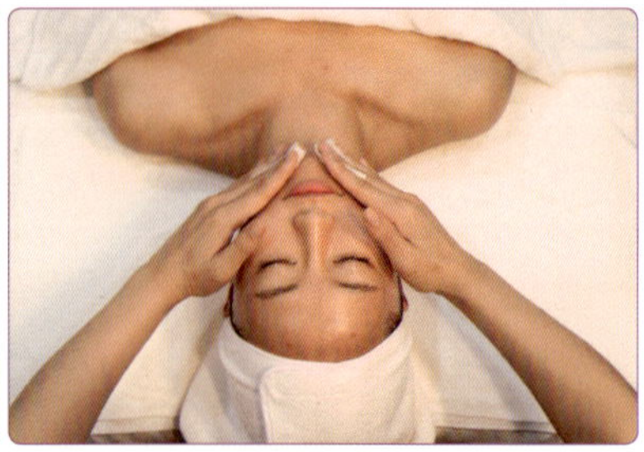
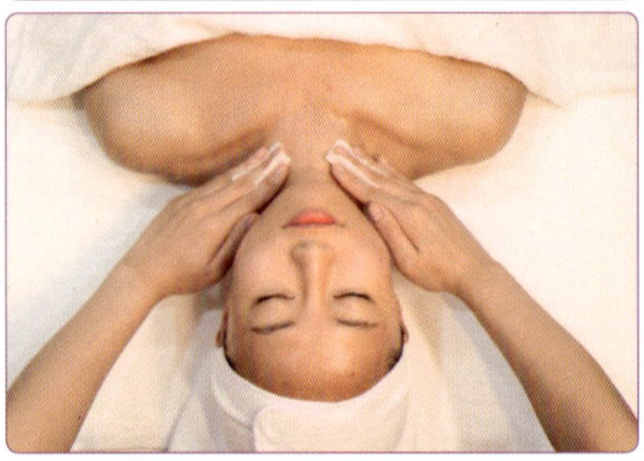

③ 목은 세로 방향, 데콜테는 중앙에서 바깥 방향으로 쓸어 어깨를 감싸고 귓불까지 쓸어 정리한다.

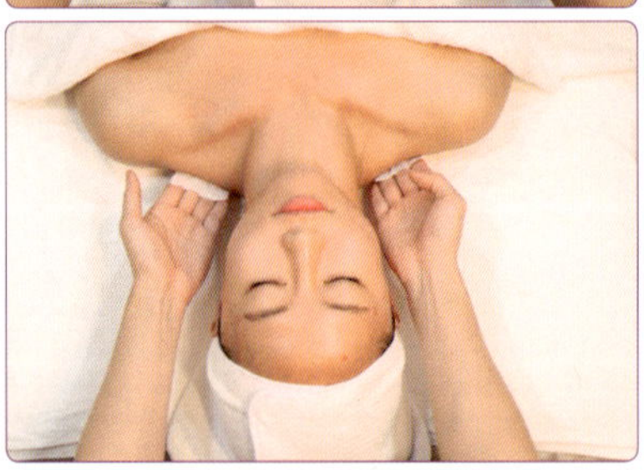
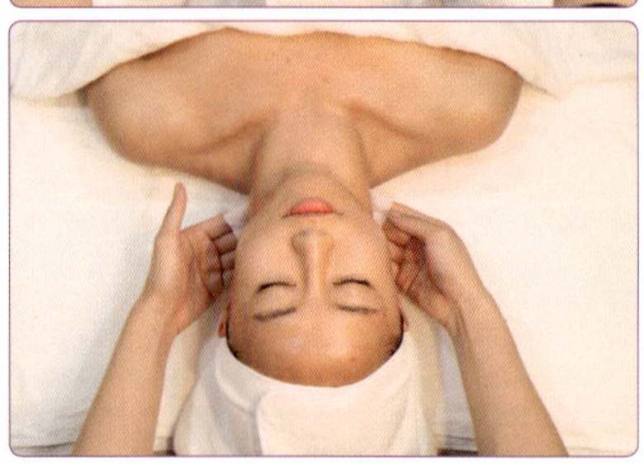
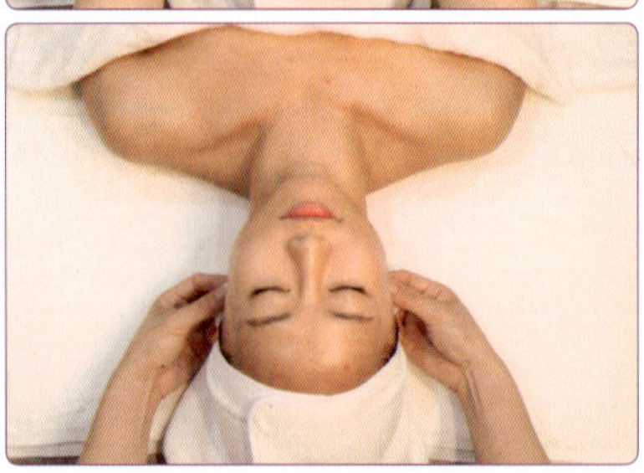

# 3. 눈썹정리

| 작업과제 | 족집게와 가위, 눈썹 칼을 이용하여 얼굴형에 맞는 눈썹 모양을 만들고 보기에 아름답게 눈썹을 정리한다. 한쪽 눈썹에만 작업한다. |
|---|---|
| 준비물 | 눈썹 브러시, 눈썹 가위, 족집게, 눈썹 칼, 면봉, 진정 젤 |
| 작업순서 | 1. 도구 준비<br>2. 눈썹정리 |

## 1. 도구 준비

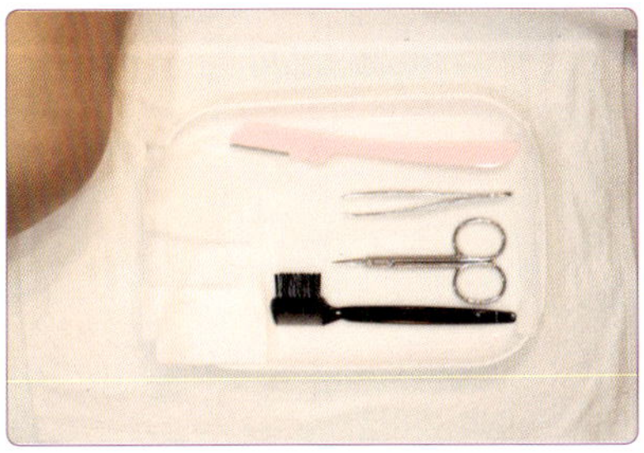
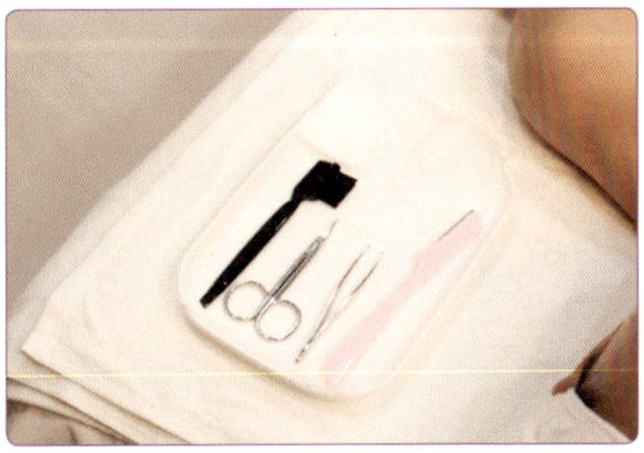

① 눈썹정리 도구

브러시, 눈썹 가위, 족집게, 눈썹 칼, 진정젤, 화장수, 알코올, 알코올 솜, 마른 솜, 트레이 등

## 2. 눈썹정리 준비

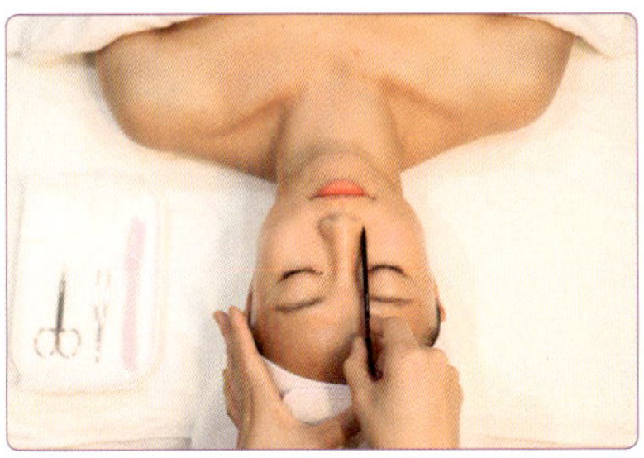
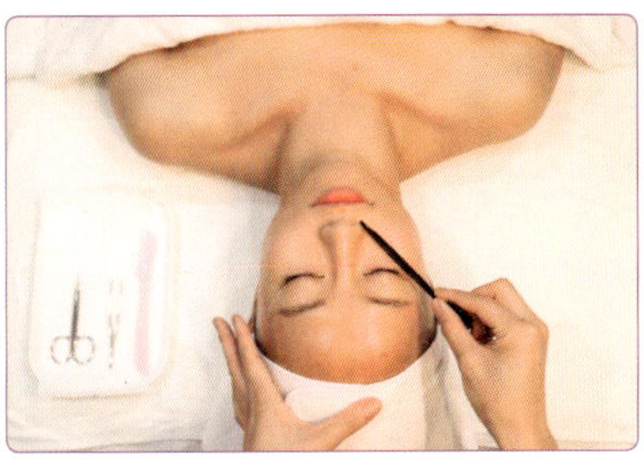

① 눈썹을 알코올 솜으로 소독한다.

② 눈썹정리용 콤브러시를 이용하여 눈썹 머리와 산, 꼬리 그리고 콧방울 간의 적합한 각도를 잰다.

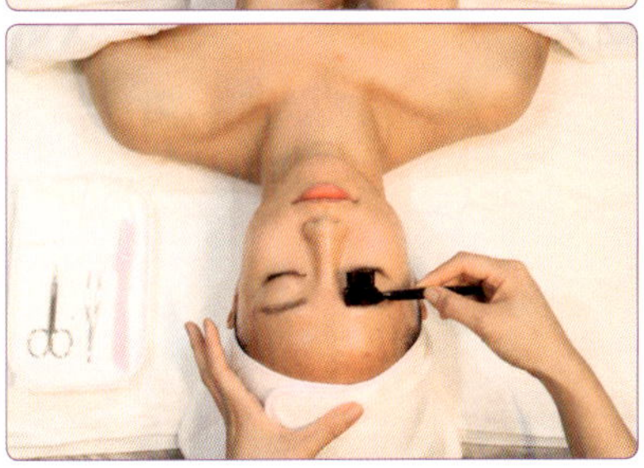
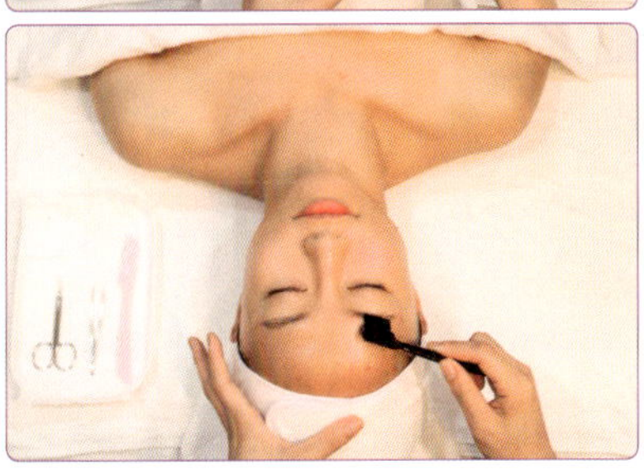

③ 눈썹이 난 방향대로 빗어 준다.

## 3. 눈썹정리 동작

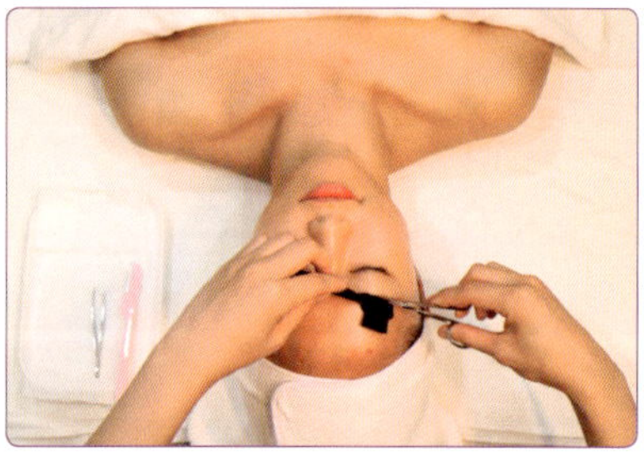
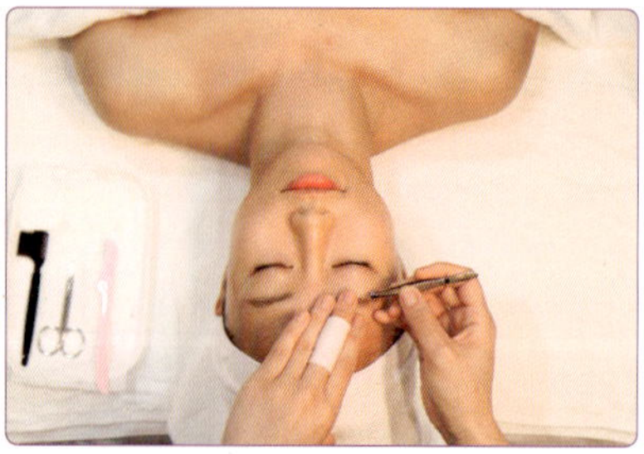

① 브러시의 빗 부분을 이용하여 긴 눈썹을 가위로 잘라 준다.

② 젖은 화장솜을 왼손 중지에 끼운다 → 한손으로 텐션을 준 뒤에 털 난 방향으로 족집게를 이용하여 한 올씩 뽑아 준다 → 눈썹 칼을 이용해 정리한다.

* 눈썹을 뽑을 때 감독 확인 하에 작업한다.

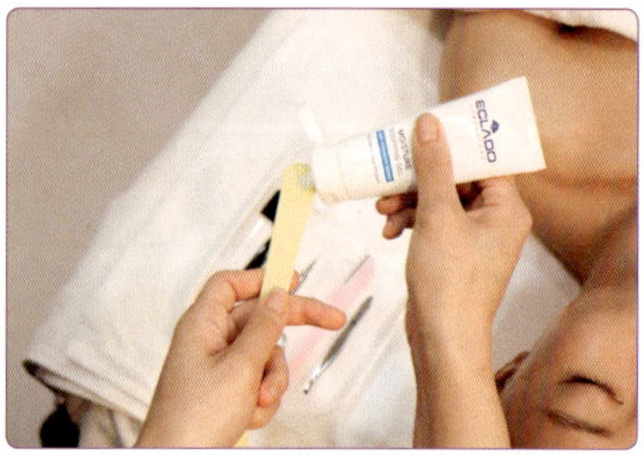
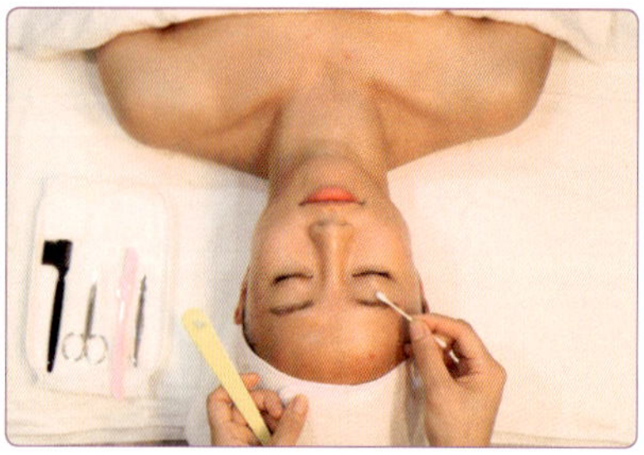

③ 눈썹을 뽑은 부위에 면봉을 이용해서 진정젤을 발라준다.

# 4. 딥클렌징

| 작업과제 | 스크럽, 고마쥐, 효소, AHA의 4가지 타입 중에서 관리계획표 작성 시 지정 받은 딥클렌징제를 사용하여 관리하고, 피부를 정돈하여 마무리한다. 얼굴의 턱 선까지를 관리 범위로 한다. |
|---|---|
| 준비물 | 스크럽, 고마쥐, 효소, AHA, 브러시, 화장솜, 유리볼, 면봉, 티슈, 해면, 습포, 토너 |

## 1. 스크럽

### (1) 스크럽 도포

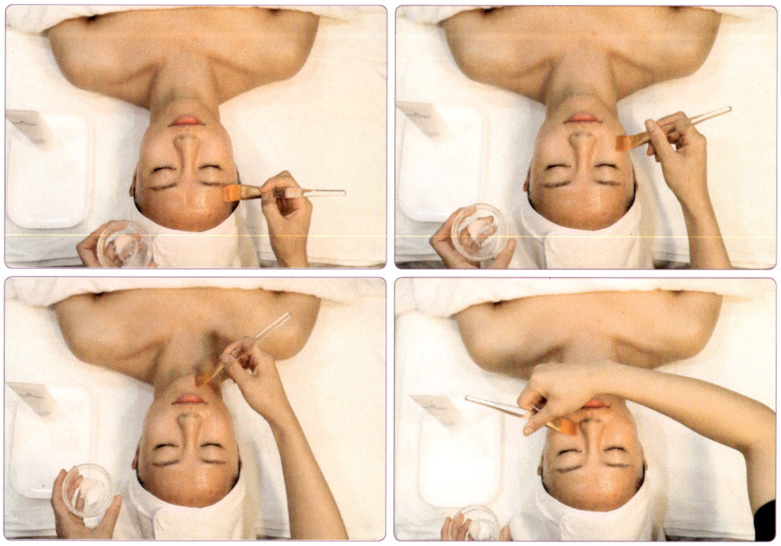

① 유리볼에 스크럽을 덜어낸 후 브러시를 이용하여 T존 부위를 발라준다.

② 오른쪽 콧방울 옆 부분부터 눈썹 끝 부분까지 발라준다.

③ 오른쪽 입가부터 귀 중앙 부위까지 발라준다.

④ 턱 중앙 부위부터 오른쪽 턱 끝 부위까지 발라준다.

⑤ 아이패드를 덮어준다.

### (2) 스크럽 동작

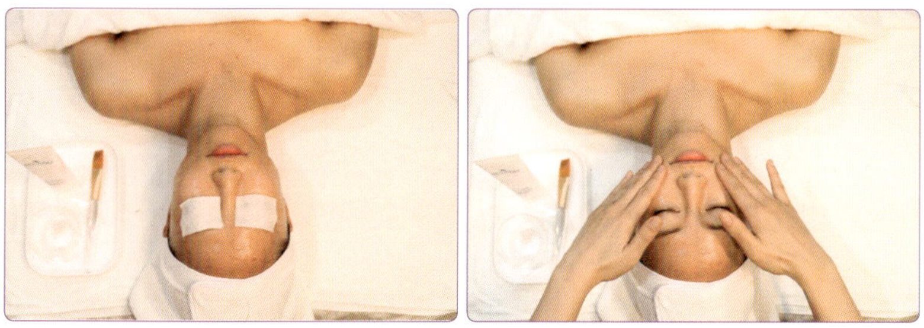

① 아이패드를 제거한다.

② 손가락 끝에 물을 묻힌 후 턱 라인, 입가에서부터 귀 중간까지, 콧방울 옆에서부터 눈썹 머리까지, 콧방울과 콧대, 이마 순으로 나선형을 그리며 문지른다.

### (3) 스크럽 정리

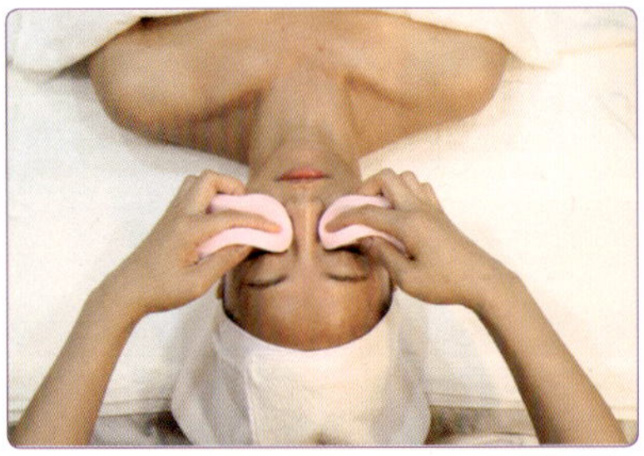
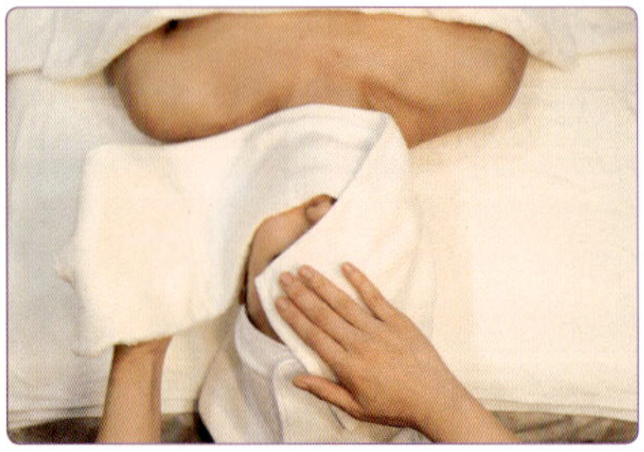
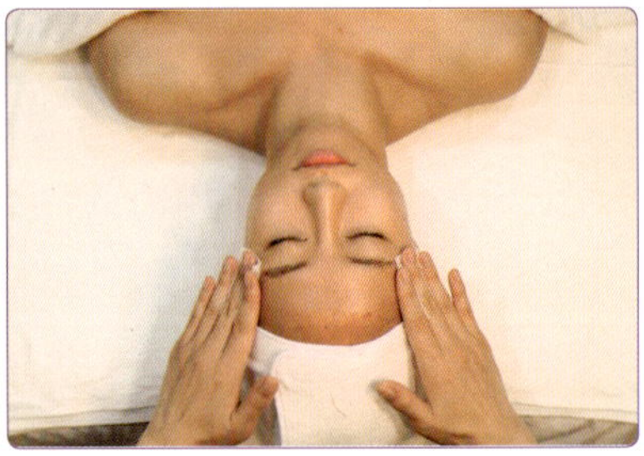

① 해면
② 온습포
③ 토너 정리 앞과 동일

## 2. 고마쥐

### (1) 고마쥐 도포

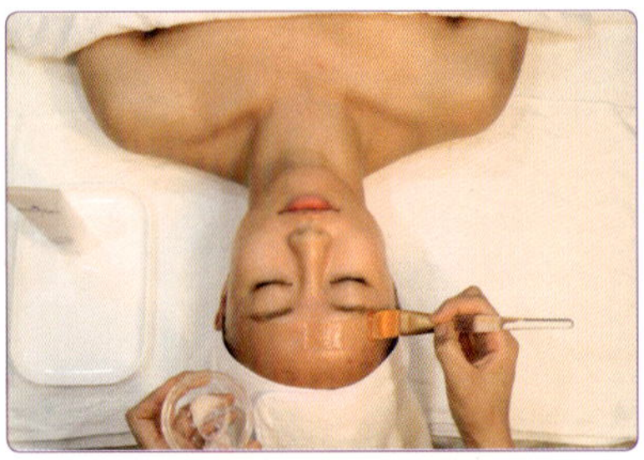
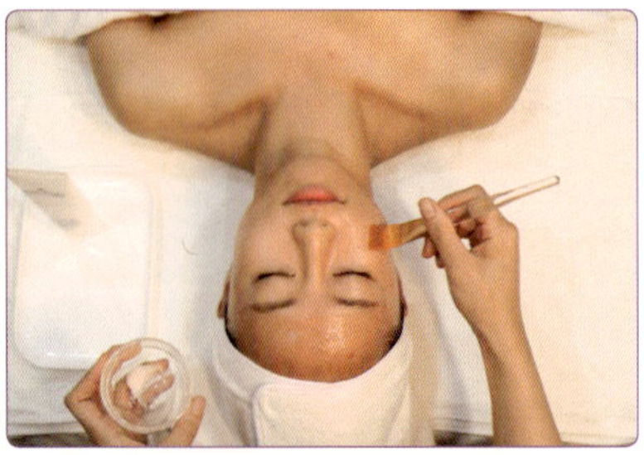

① 유리볼에 고마쥐를 덜어낸 후 브러시를 이용하여 T존 부위를 발라준다.
② 오른쪽 콧방울 옆 부분부터 눈썹 끝 부분까지 발라준다.

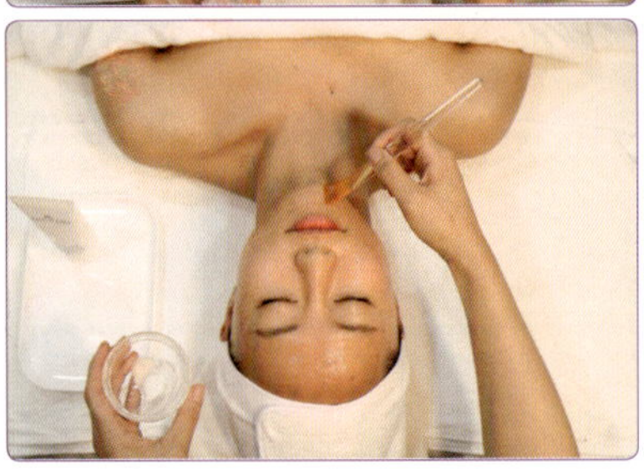
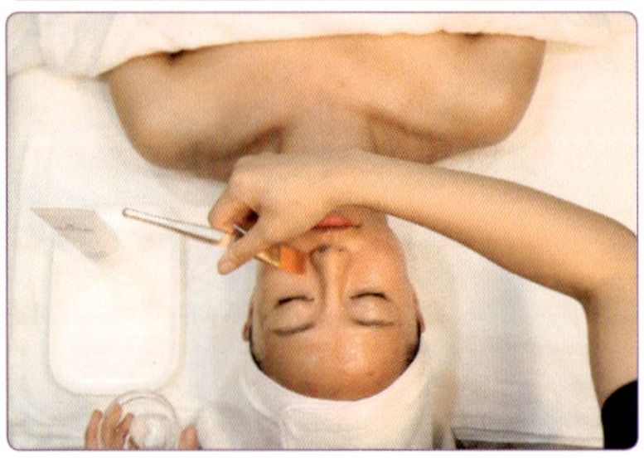

③ 오른쪽 입가 부위부터 귀 중앙 부위까지 발라준다.
④ 턱 중앙 부위부터 오른쪽 턱끝 부위까지 발라준다.
⑤ 아이패드를 덮어준다.

## (2) 고마쥐 동작

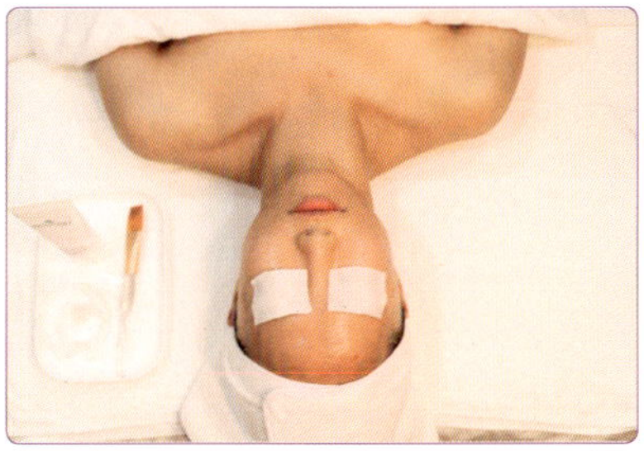
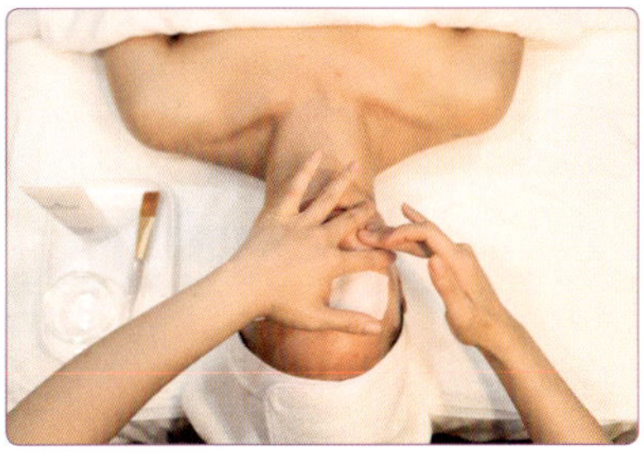
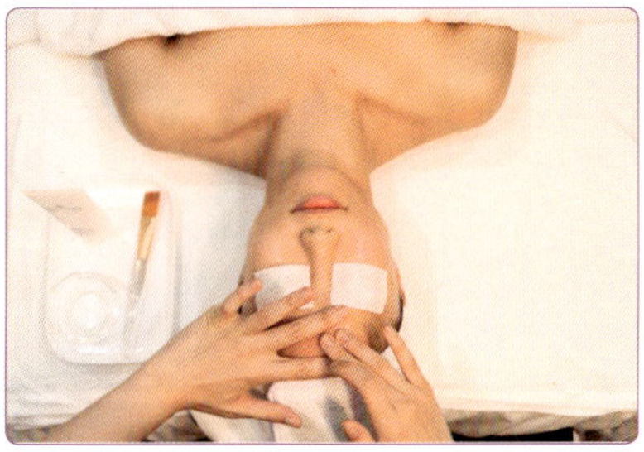

① 아이패드를 제거한다.
② 턱 중앙 부위부터 오른쪽 턱 끝 부위까지 주름이 생기지 않도록 근육결에 따라 고마쥐를 밀어낸다.
③ 오른쪽 입가 부위부터 귀 중앙 부위까지 고마쥐를 밀어낸다.
④ 콧방울 옆 부분부터 눈썹 끝 부위까지 고마쥐를 밀어낸다.
⑤ 이마 부위의 고마쥐를 밀어낸다. (동작 시 한손으로 지탱하고, 다른 손으로 밀어내도록 한다)

## (3) 고마쥐 정리

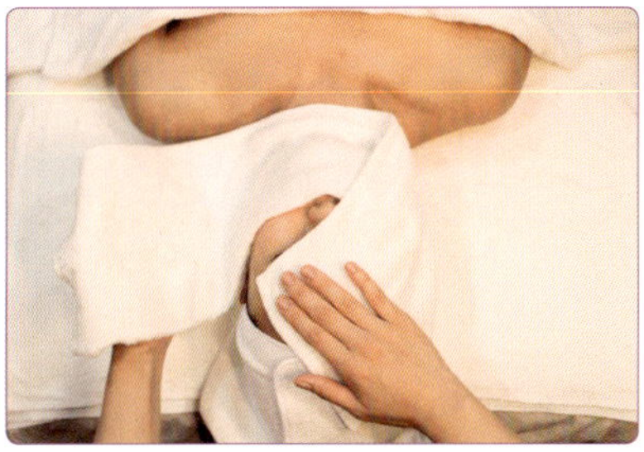
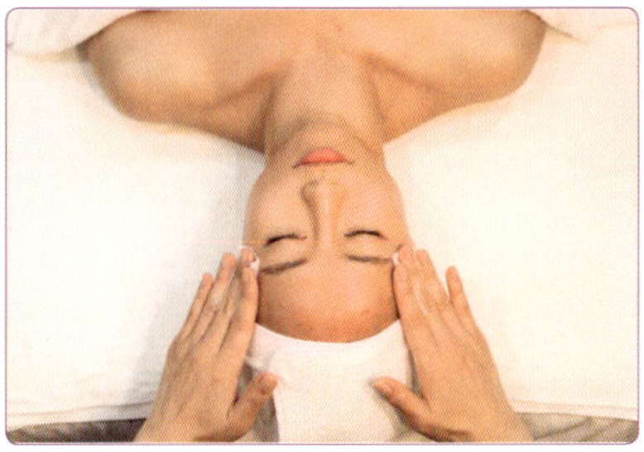

① 해면
② 온습포
③ 토너 정리 앞과 동일

## 3. 효소

### (1) 효소 도포

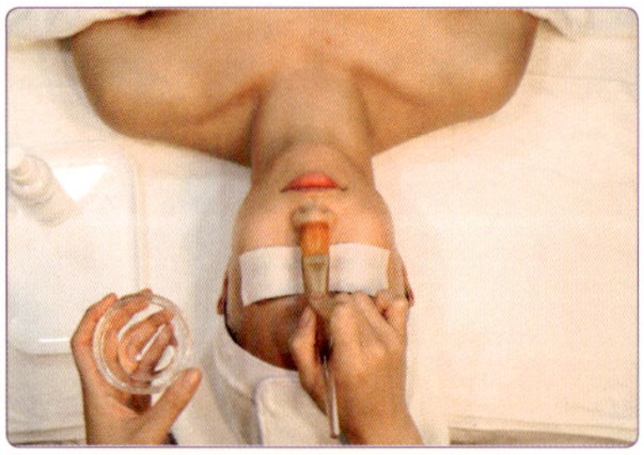
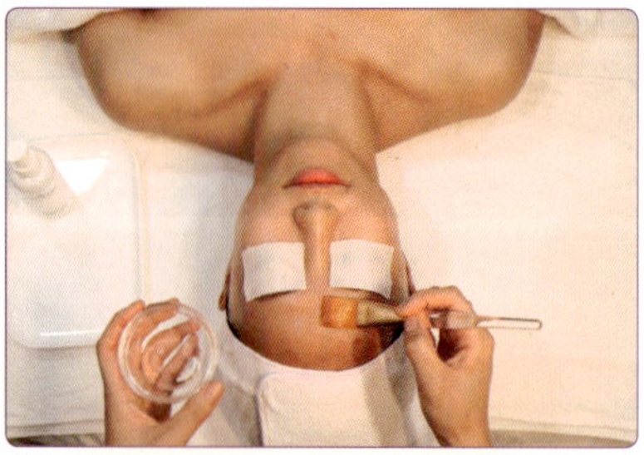

① 아이패드를 덮어준다.

② 미온수에 효소를 갠 후 브러시를 이용하여 T존 부위에 발라준다.

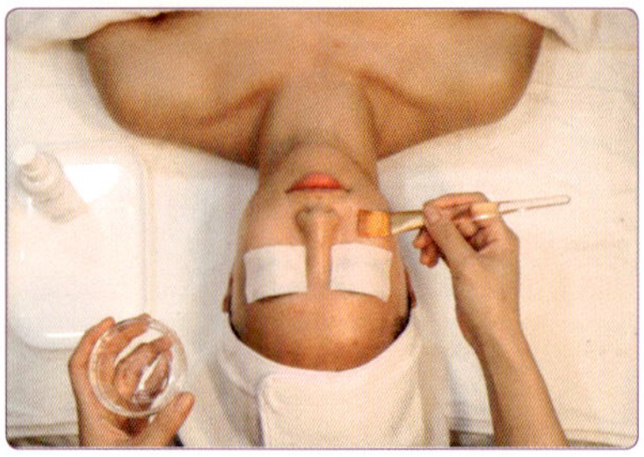
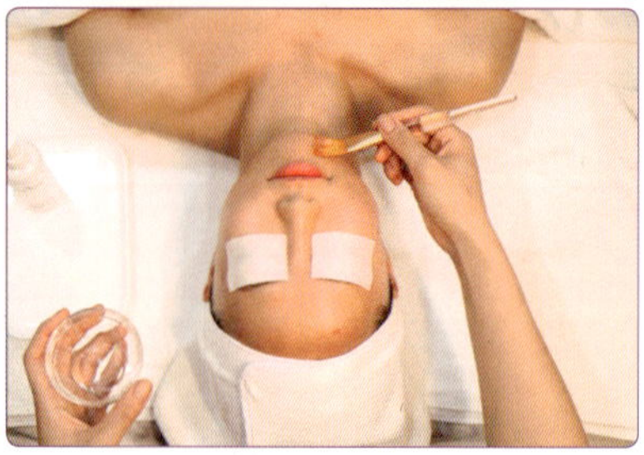

③ 오른쪽 콧방울 옆 부분부터 눈썹 아랫부분까지 발라준다.

④ 오른쪽 입가 부위부터 귀 중앙 부위까지 발라준다.

⑤ 턱 중앙 부위부터 오른쪽 턱 끝 부위까지 발라준다. (반대편 동일)

⑥ 얼굴 전체에 효소를 바른 후 거즈와 온습포를 올려준다.

### (2) 효소 정리

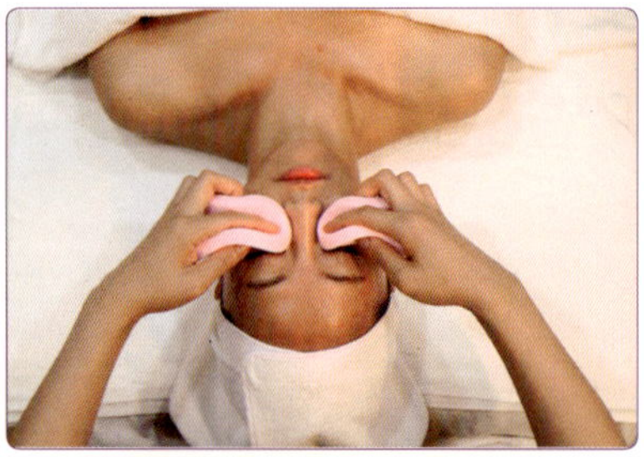
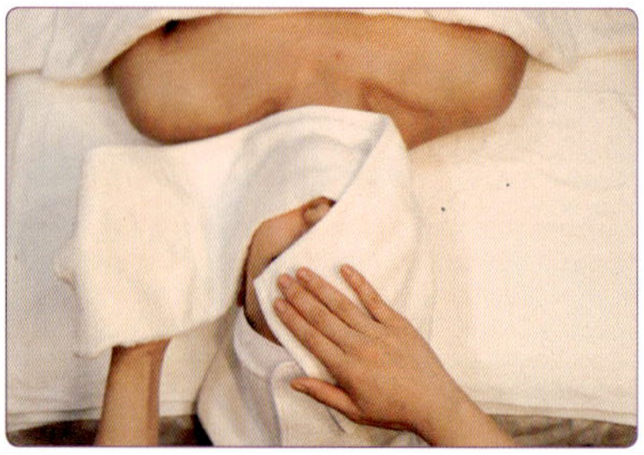
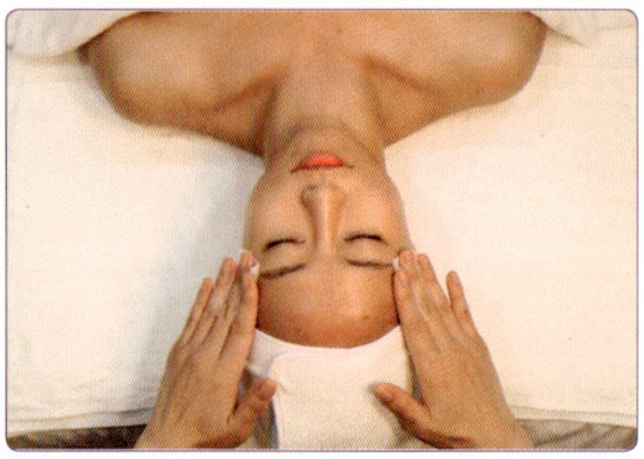

① 해면

② 온습포

③ 토너 정리 앞과 동일

## 4. AHA

### (1) AHA 도포

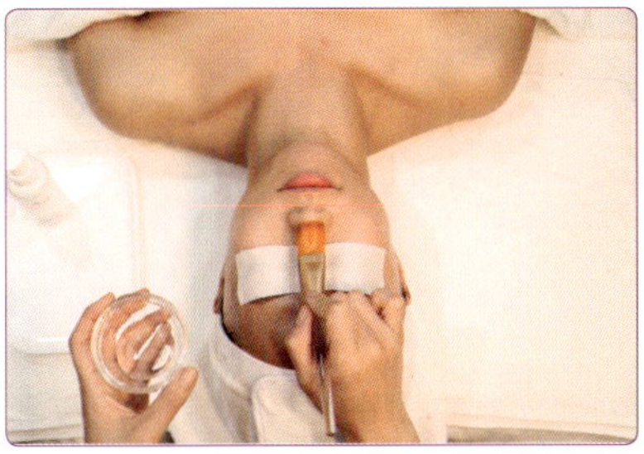
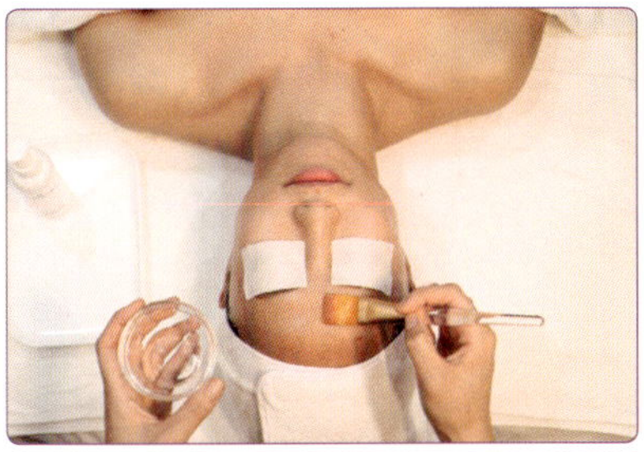

① 아이패드를 덮어준다.
② 유리볼에 AHA를 덜어낸 후 브러시를 이용하여 T존 부위를 발라준다.

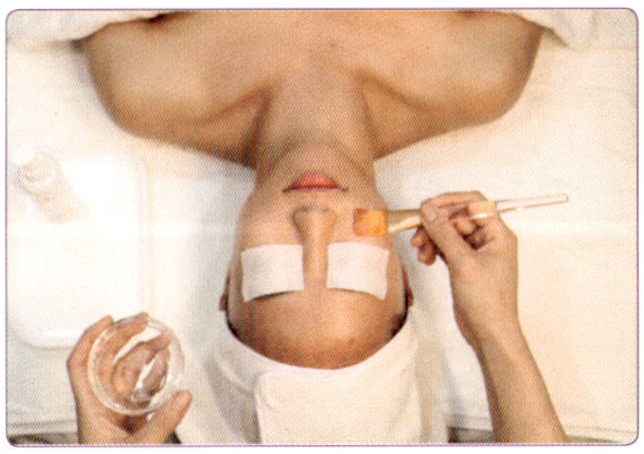
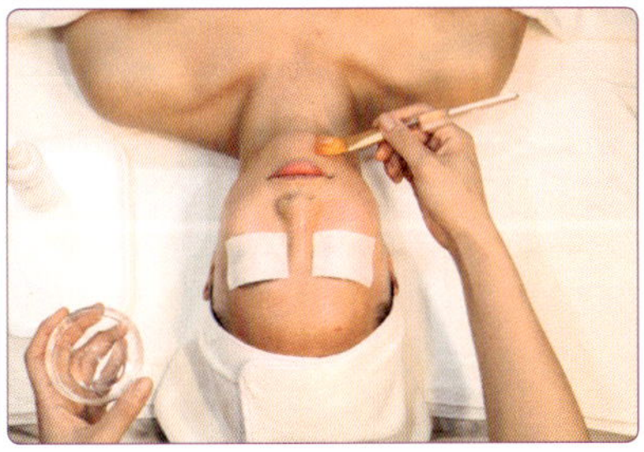

③ 오른쪽 콧방울 옆 부분부터 눈썹 아랫부분까지 발라준다.
④ 오른쪽 입가 부위부터 귀 중앙 부위까지 발라준다.
⑤ 턱 중앙 부위부터 오른쪽 턱끝 부위까지 발라준다. (반대편 동일)

### (2) AHA 정리

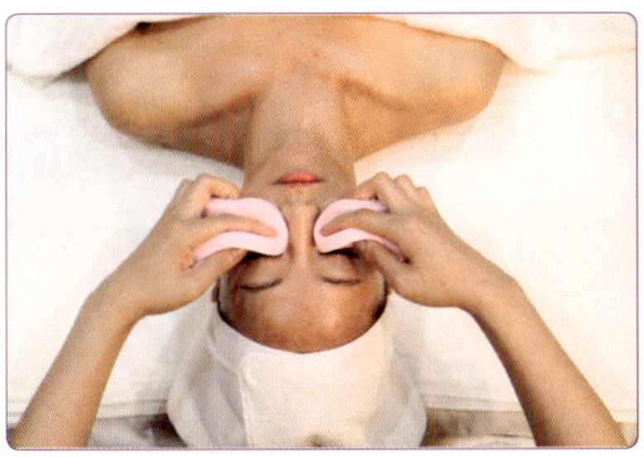
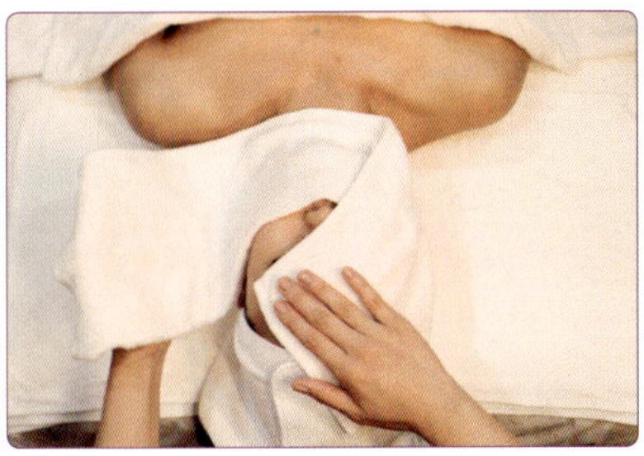
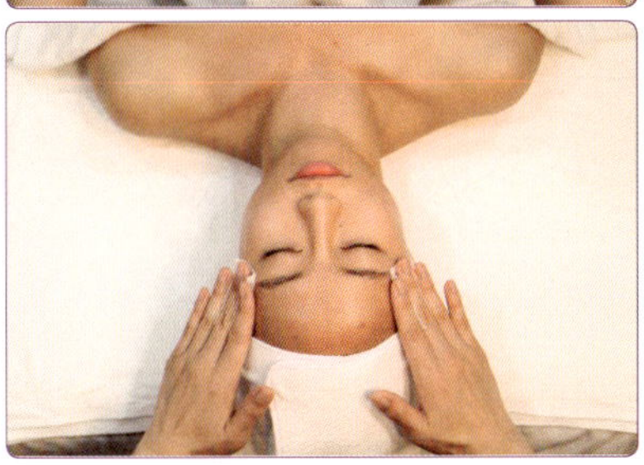

① 해면
② 냉습포
③ 토너 정리 앞과 동일

# 5. 매뉴얼 테크닉

| 작업과제 | 마사지 크림을 관리 부위에 도포하고 적절한 동작을 사용하여 관리한 후 피부를 정돈한다. |
|---|---|
| 준비물 | 마사지 크림 혹은 오일, 해면, 습포, 토너 |
| 작업순서 | 1. 크림 도포하기 2. 매뉴얼 테크닉 손을 이용한 피부 관리 3. 닦아내기 |

## 1. 매뉴얼 테크닉 준비

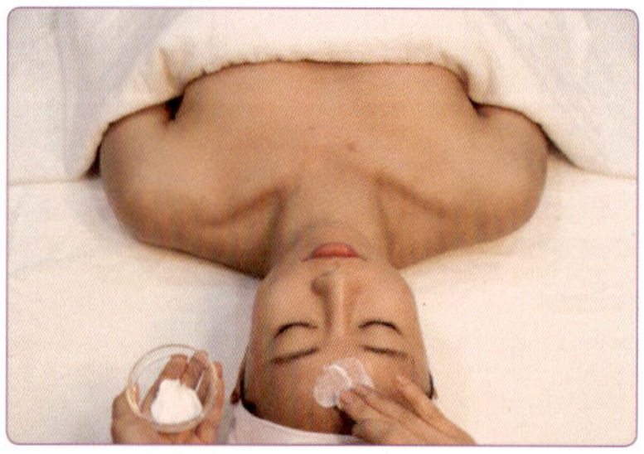

① 마사지 크림을 유리볼에 덜어서 이마 → 볼 → 턱에 도포한다.

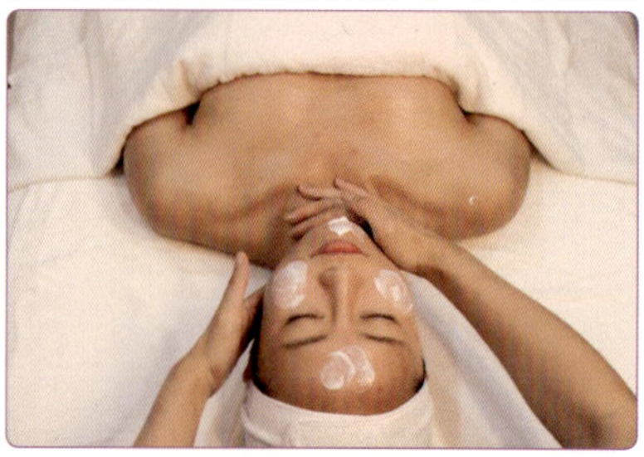

② 남은 크림을 손을 이용해 문지른 후 목과 데콜테에 도포 및 흡수시킨다.

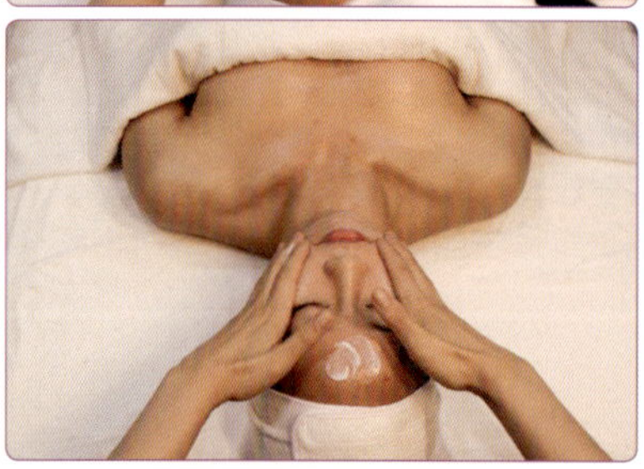
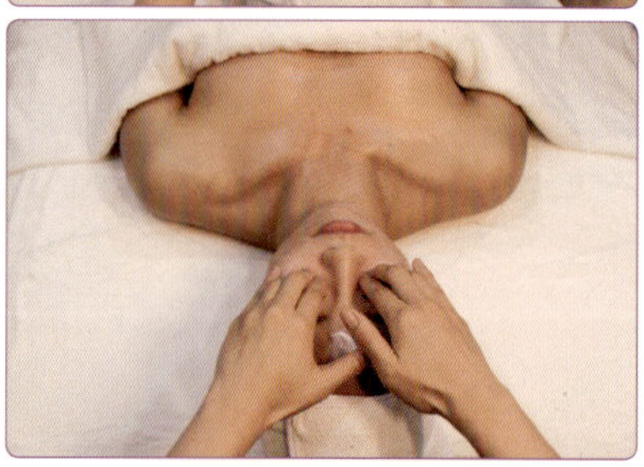

③ 턱 → 입 주위 → 볼 전체를 나선형의 원을 그리듯이 크림을 흡수시킨다.

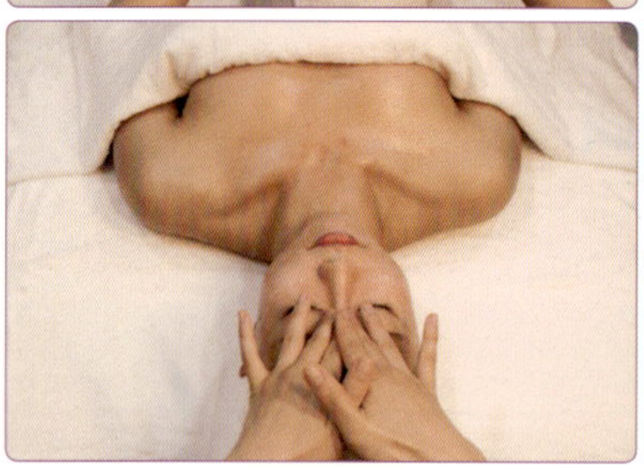
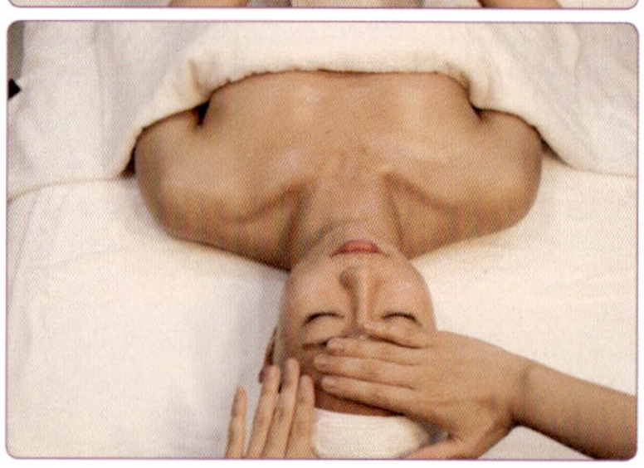

④ 콧방울과 콧대 부위를 중지를 이용하여 문지르고, 이마는 가로방향으로 쓸어 크림을 흡수시킨다.

## 2. 매뉴얼 테크닉 동작

### (1) 데콜테

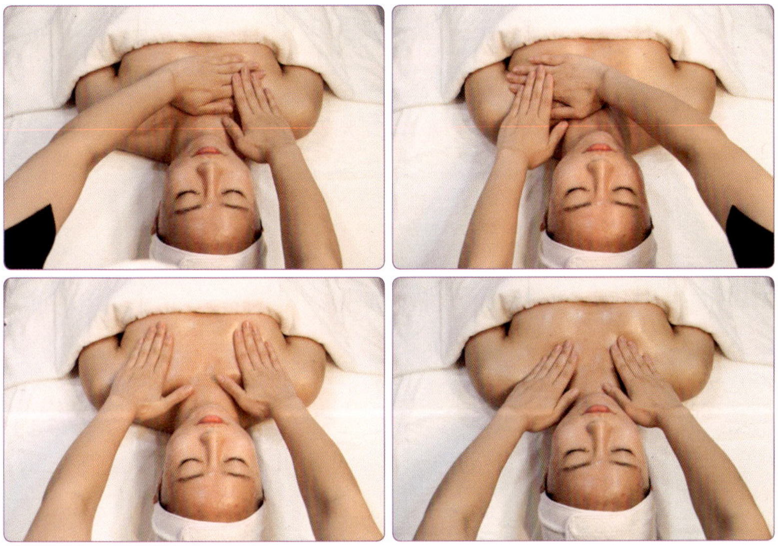

① 양 손을 포개서 가로로 물결을 그리며 쓸어준다.

② 위아래로 2등분하여 중앙에서 바깥쪽으로 나선형으로 문지른다.

### (2) 목

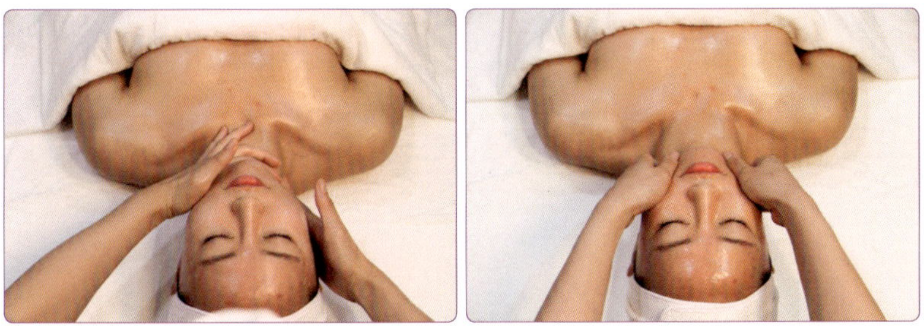

① 양 손바닥을 이용해서 목을 세로로 쓸어 올려준다.

② 위아래로 2등분하여 나선형으로 문지른다.

### (3) 턱

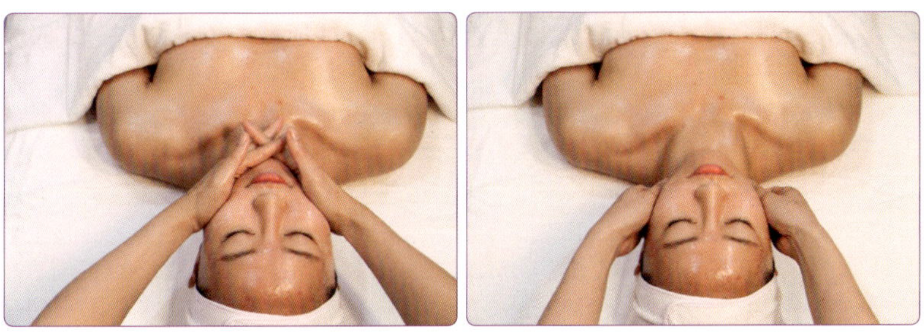

① 양 손바닥으로 턱 라인을 쓸어준다.

② 턱 라인을 손가락 마디를 이용하여 나선형 모양으로 문지른다.

## (4) 입 주변

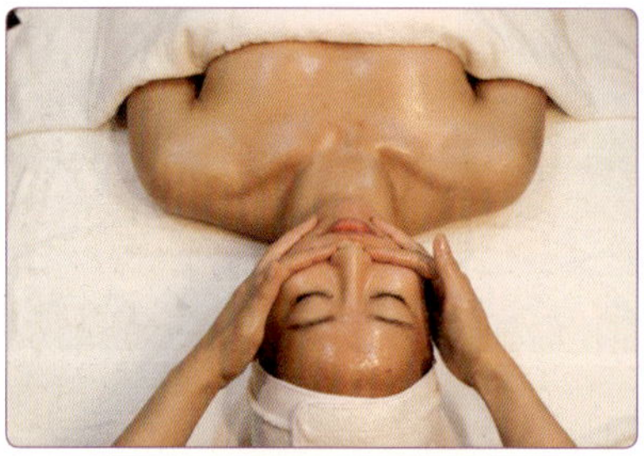
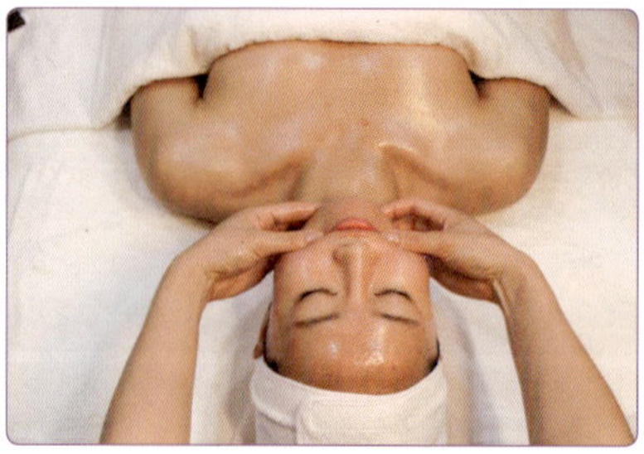

① 입술 주위를 2, 3지 이용하여 번갈아 쓸어준다.

② 엄지를 이용하여 입 주변을 문지른다. (입꼬리 반원)

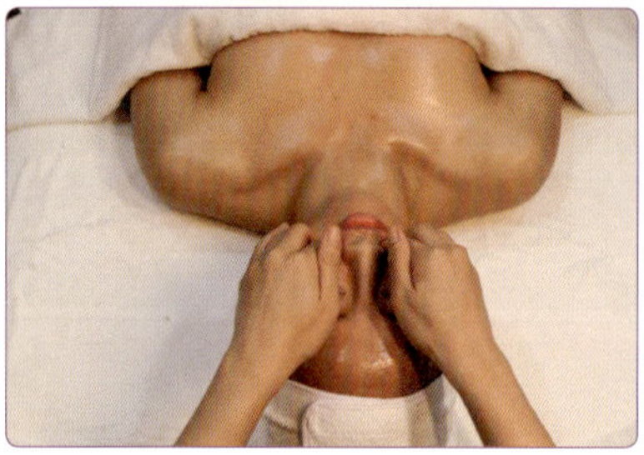

③ 검지와 중지를 이용하여 8자 모양으로 입꼬리를 문지른다.

## (5) 볼

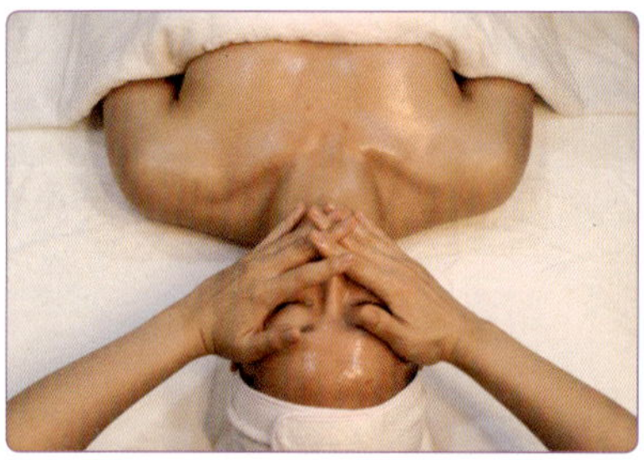
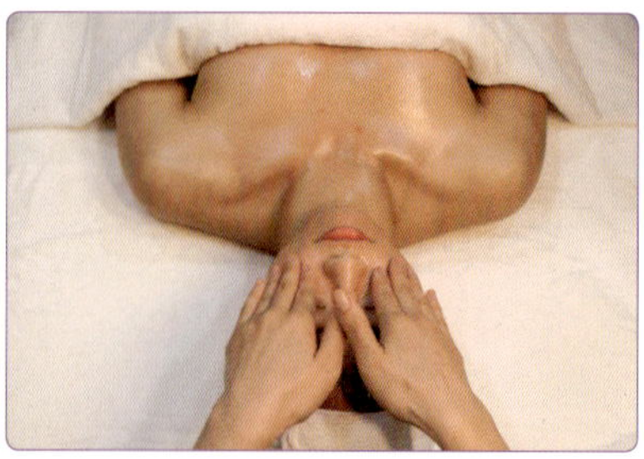

① 손바닥을 이용하여 볼 전체를 나선형 모양으로 문지른다.

② 볼을 2등분으로 나눠 손가락 마디를 이용하여 나선형으로 문지른다.

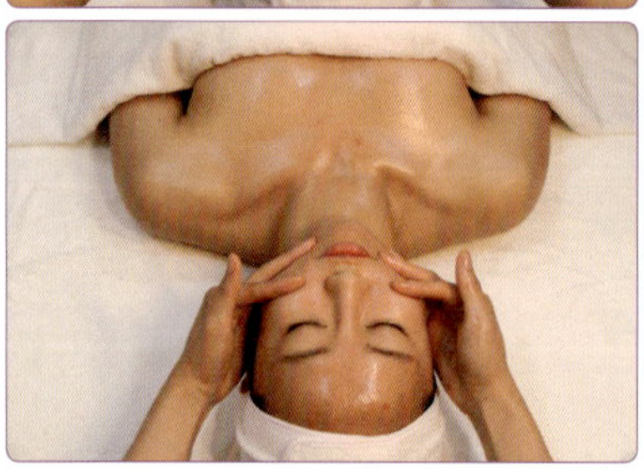

③ 손가락 4지를 차례로 올려 양 볼을 동시에 쓸어준다.

## (6) 한쪽 볼

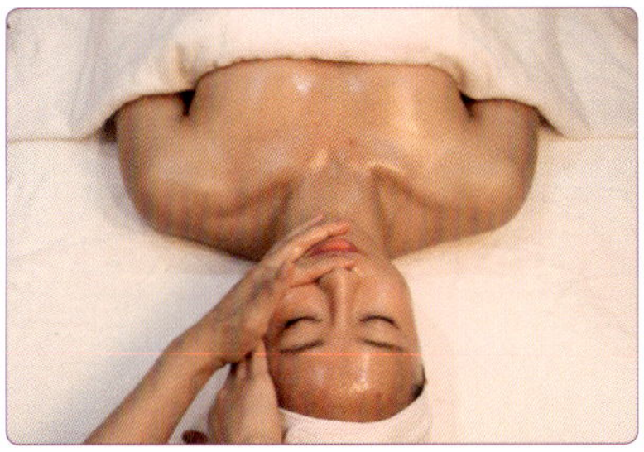
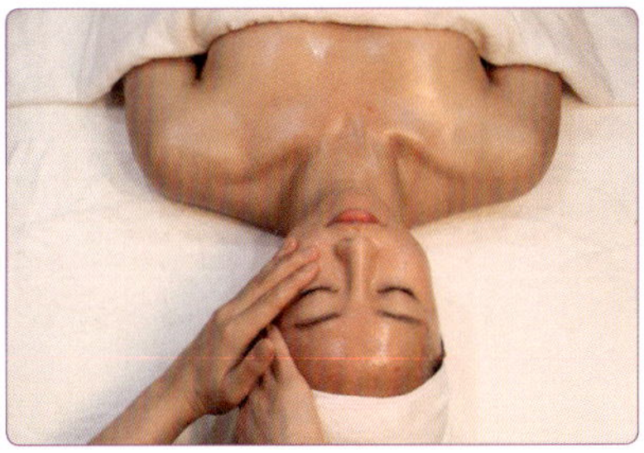
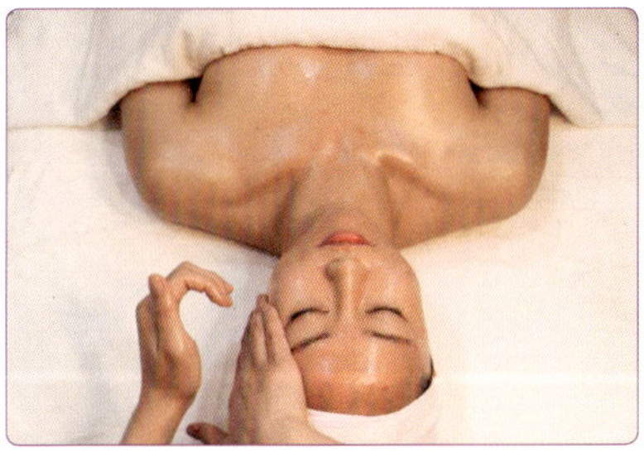

① 턱 → 입 꼬리 → 볼 → 눈꼬리 순으로 손가락과 손바닥을 밀착시켜 양손을 번갈아 쓸어 올려준다. (반대편 동일)

## (7) 코

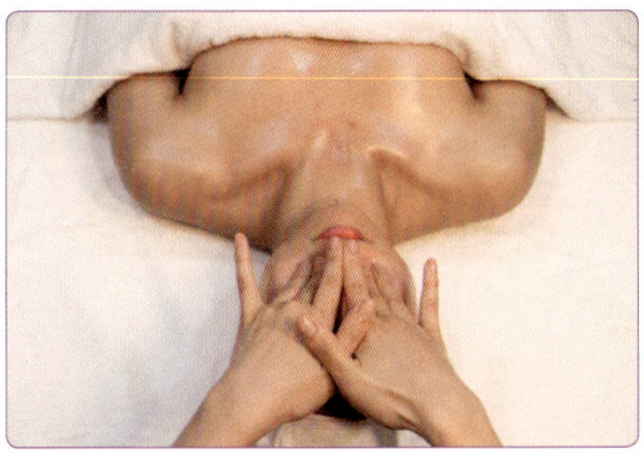
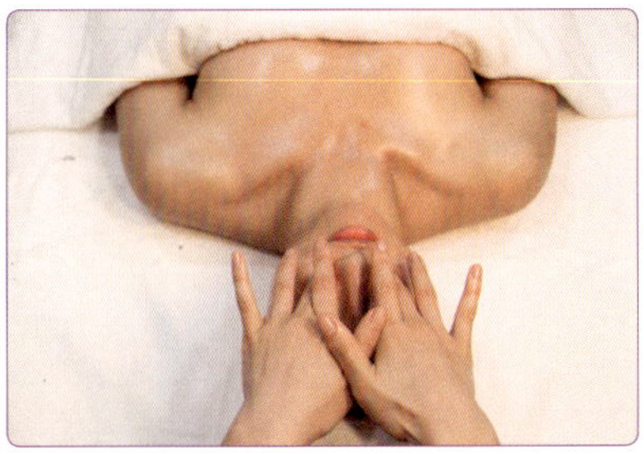

① 중지를 이용해 콧방울을 나선형으로 문지른다.

② 중지를 이용해 콧대를 쓸어주고 측면을 나선형 모양으로 쓸어 올려준다.

## (8) 눈

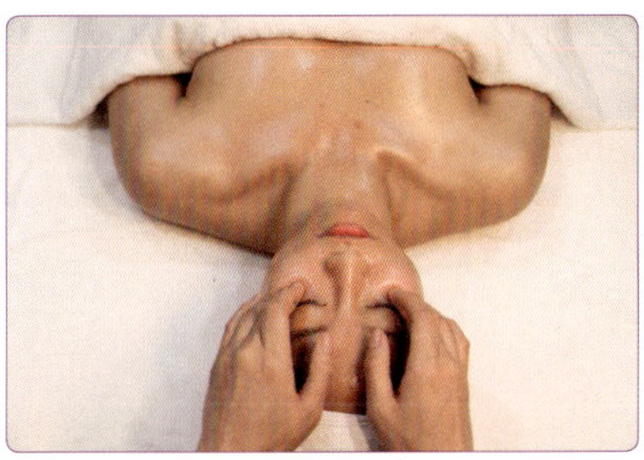
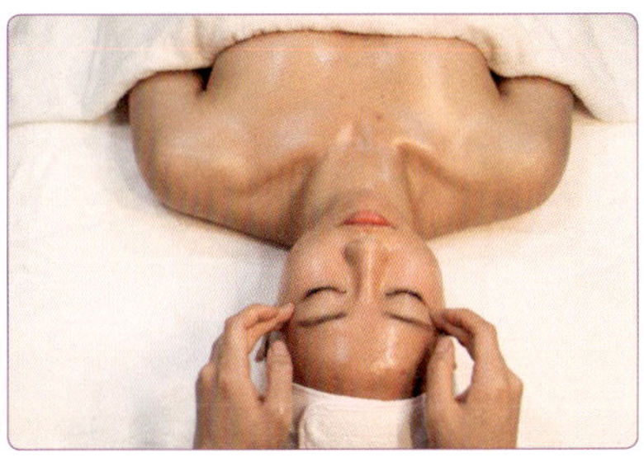

① 눈 주위를 중지와 약지를 이용하여 원을 그려 문지른다.

② 눈꼬리를 중지를 이용해 8자 모양으로 쓸어준다.

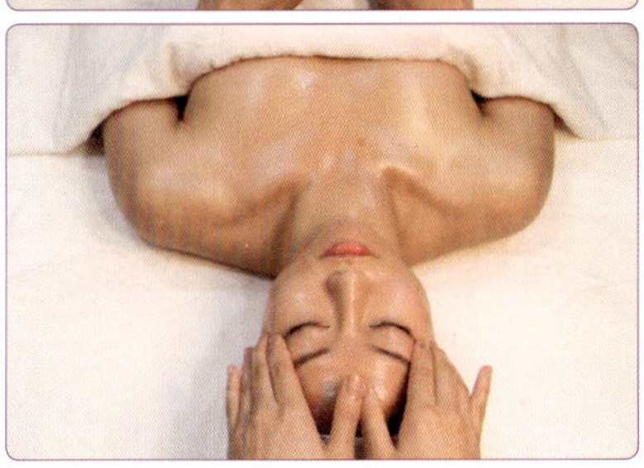

③ 손가락 끝을 이용해 눈 주위를 문지르거나 두드린다.

## (9) 눈썹

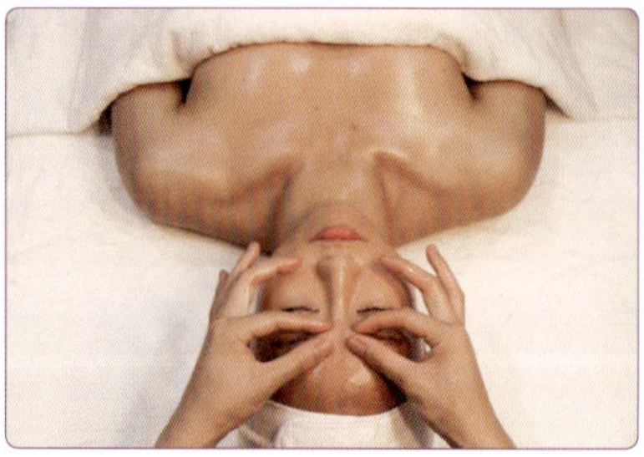

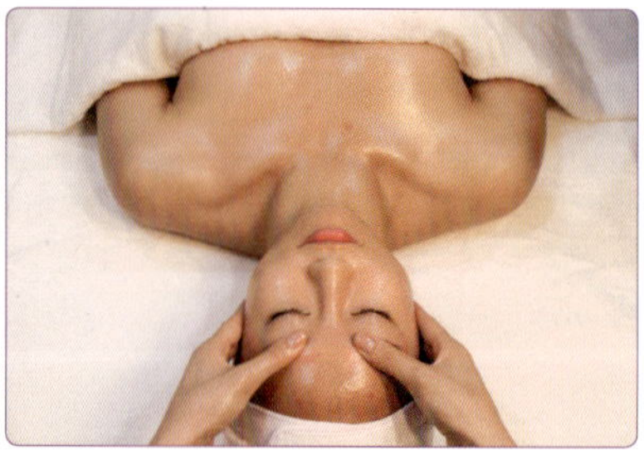

① 양 손 엄지와 검지를 이용하여 눈썹 앞머리부터 눈썹꼬리까지 집어준다.
② 엄지 이용하여 눈썹을 쓸어준다

## (10) 이마

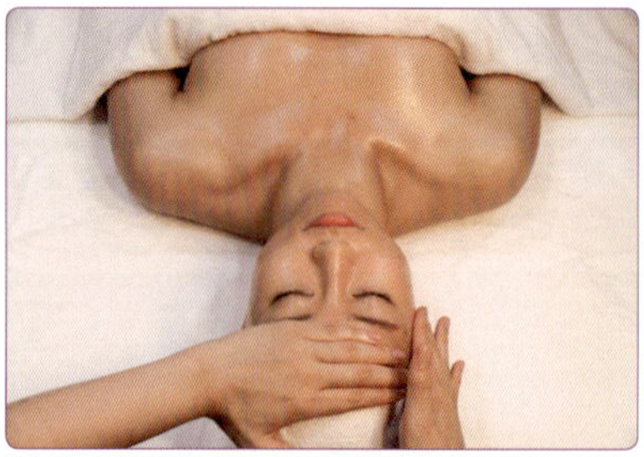

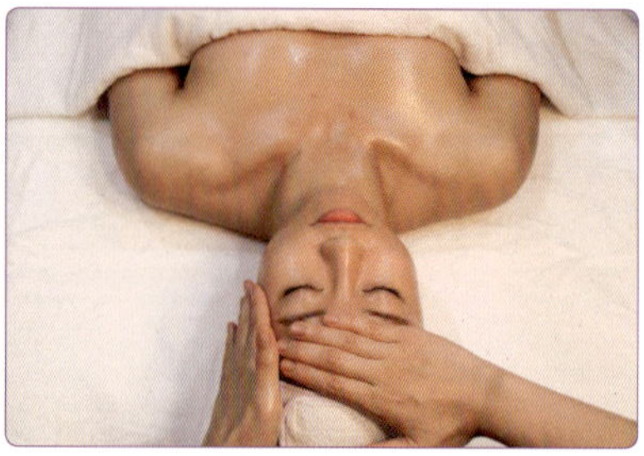

① 양 손을 번갈아 손가락과 손바닥을 밀착시켜 가로로 쓸어준다.

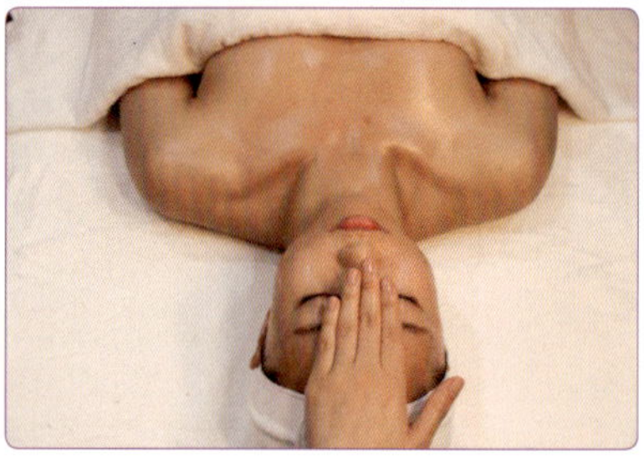

② 양 손을 번갈아 손가락과 손바닥을 밀착시켜 세로로 끌어올려 준다.

## (11) 전체 마무리

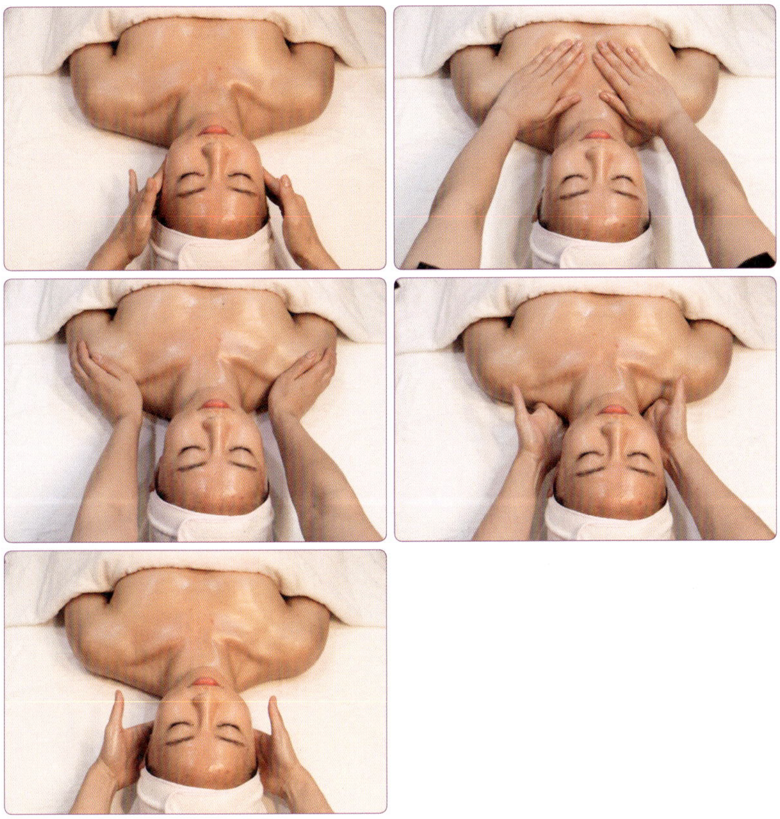

① 헤어라인을 따라 내려온 후 목을 지나 데콜테를 쓸어주고, 어깨를 감싸 준 후 귀 쪽으로 올라와 마무리한다.

# 6. 팩

| 작업과제 | 팩을 위한 기본 전처리를 실시한 후 제시된 피부 타입에 적합한 제품을 선택해 관리 부위에 적당량을 도포하고 일정 시간 경과한 뒤 팩을 제거하고 피부를 정돈한다. |
|---|---|
| 준비물 | 크림팩 3종, 아이크림, 면봉, 스파츌라, 팩붓, 유리볼, 화장솜, 해면, 습포, 토너 |
| 작업순서 | 1. 팩 준비<br>2. 팩 도포 T존–U존–목 순<br>3. 닦아내기 |

## 1. 팩 준비

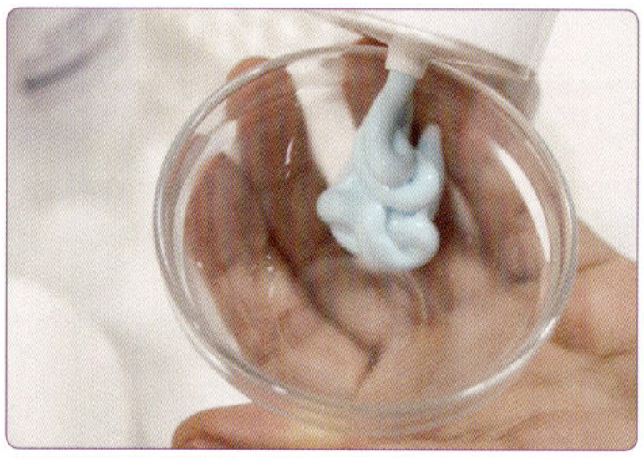
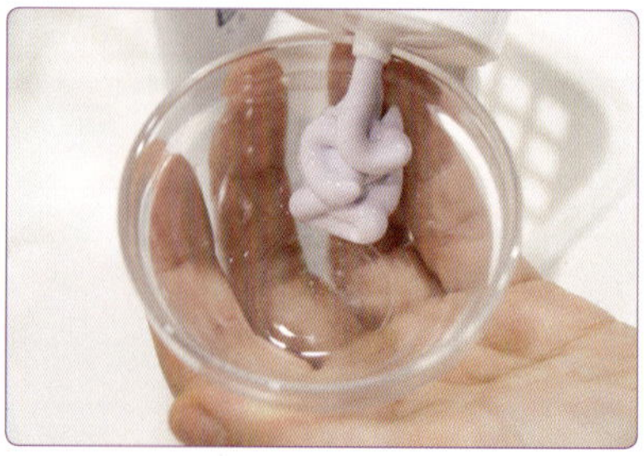
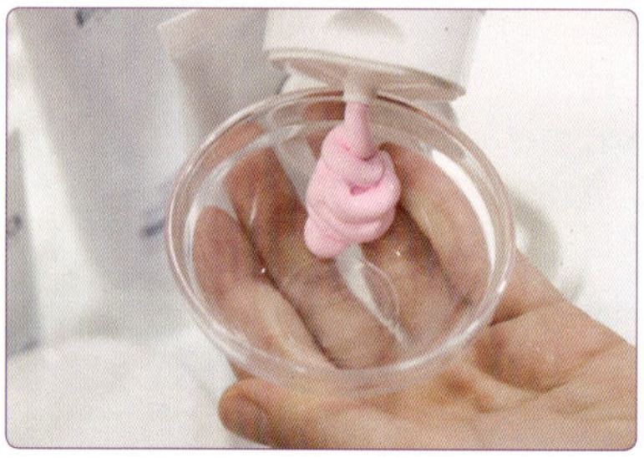

① 피부 타입에 맞는 팩을 유리볼에 각각 준비한다.

## 2. 립앤아이 크림 도포

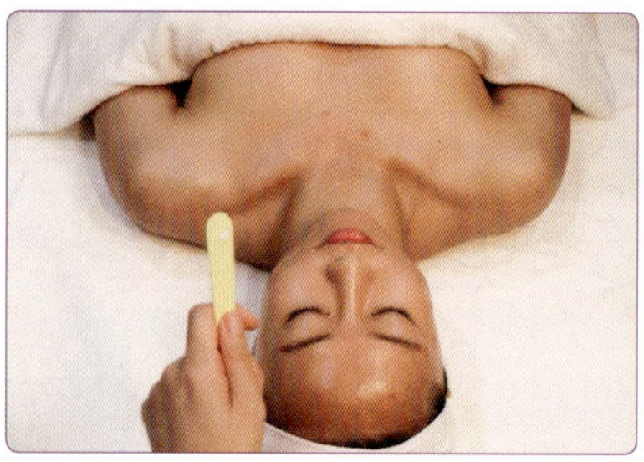
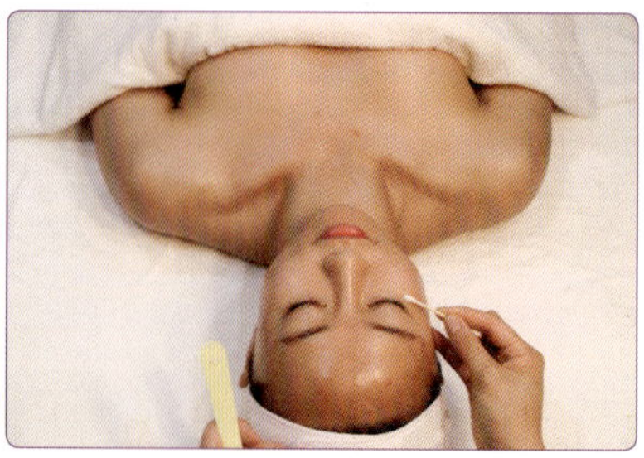

① 립앤아이 크림을 스파츌라에 덜어 면봉으로 바른 후 3지를 이용하여 흡수시킨다.

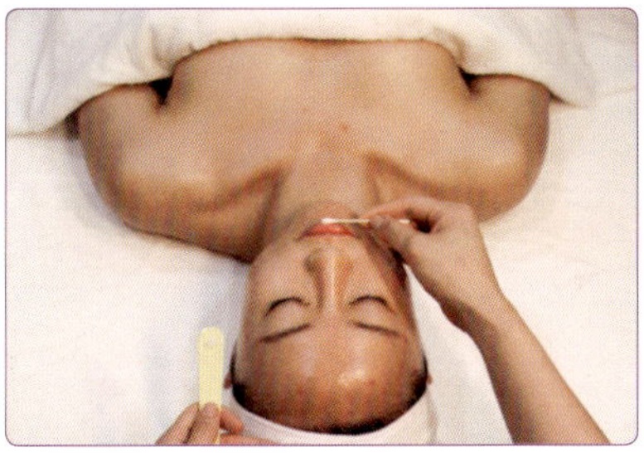
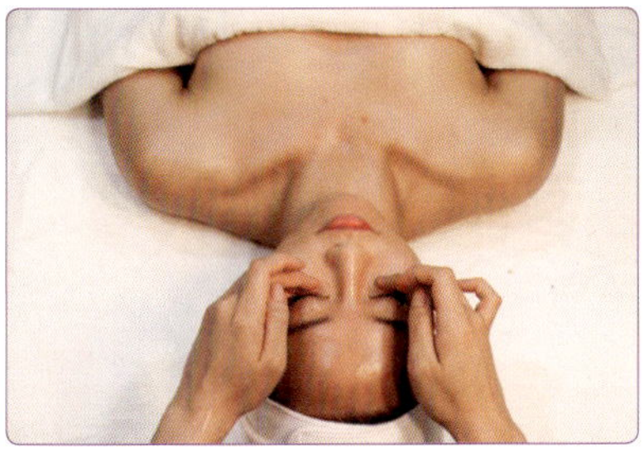

## 3. 팩 도포

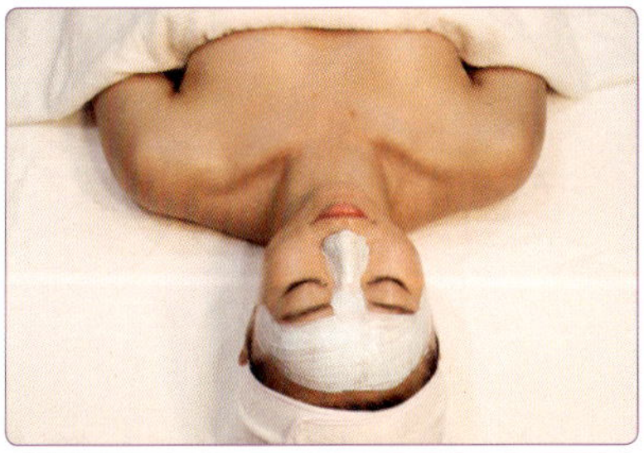
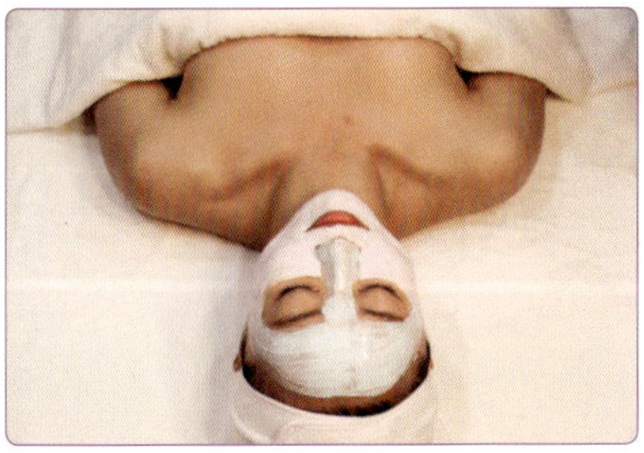

① T존→ U존→ 목→ 데콜테 순으로 피부 결에 따라 바른다.

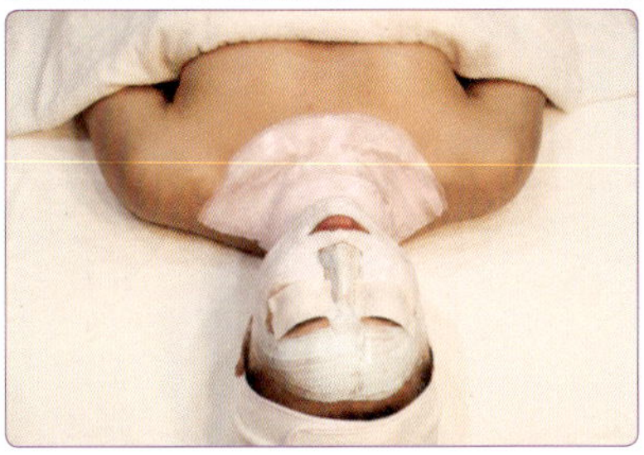

② 아이패드를 덮어준다.

## 4. 팩 제거 및 정리

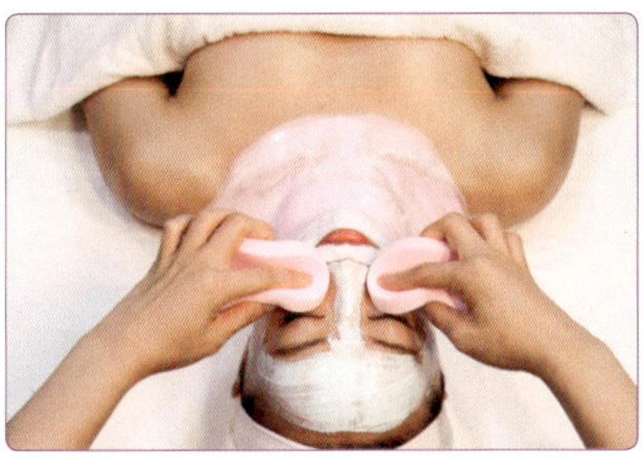
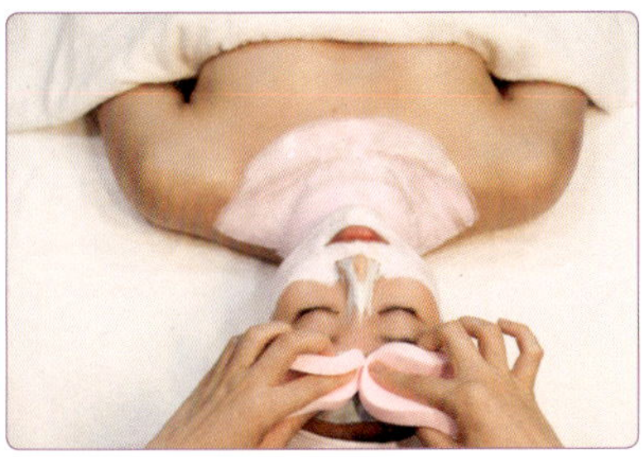
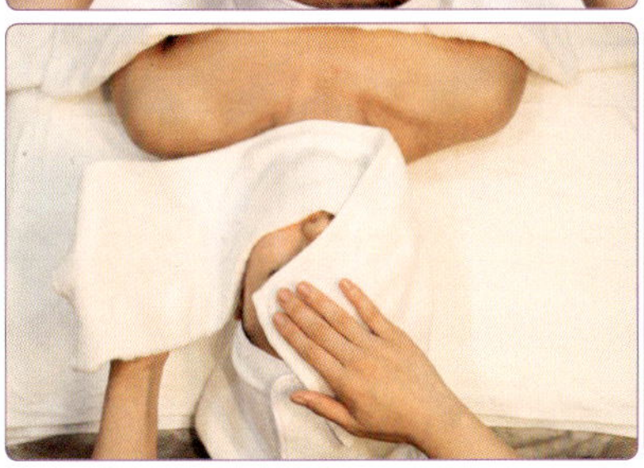
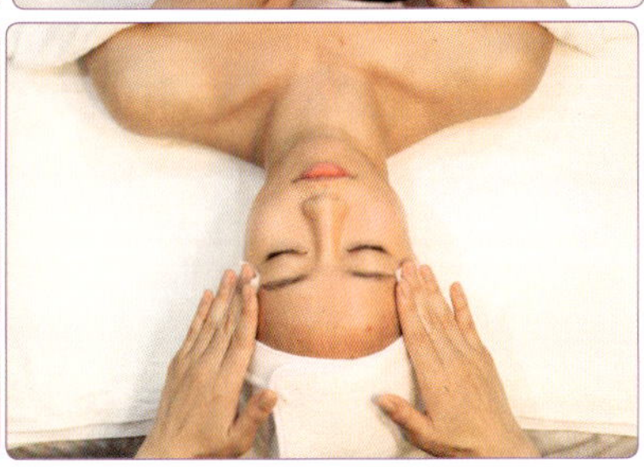

① 해면

② 냉습포

③ 토너 정리 앞과 동일

## 7. 마스크

| 작업과제 | 지정 받은 마스크를 활용해 기본 전처리를 실시한 후 얼굴에서 턱 하단을 포함한 목의 경계 부위까지 도포한다. |
|---|---|
| 준비물 | 마스크 2종, 고무볼, 석고 베이스 크림, 립앤아이 크림, 면봉, 스파츌라, 유리볼, 화장솜, 거즈, 티슈, 팩붓, 해면, 습포, 토너, 마무리 크림 |

### 1. 고무 모델링 마스크

#### (1) 립앤아이 크림 도포

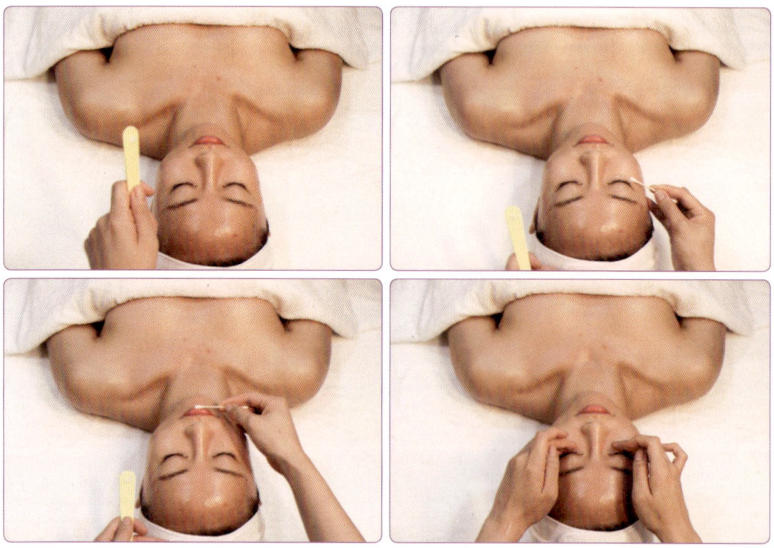

① 립앤아이 크림을 스파츌라에 덜어 면봉으로 바른 후 3지를 이용하여 흡수시킨다.

### (2) 아이패드 및 고무 모델링 마스크 준비

① 아이패드를 한 후 모델링 마스크를 물에 잘 개어 적당한 농도로 준비한다.

### (3) 고무 모델링 마스크 도포

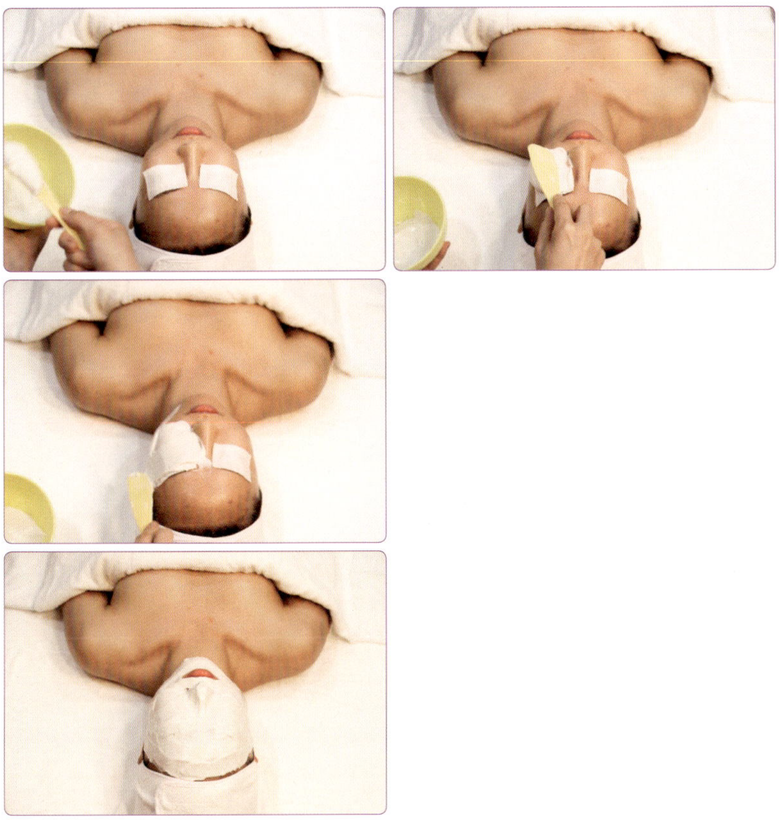

① 눈 → 볼 → 이마 → 코 → 턱 → 가장자리 순으로 발라 마무리한다.

## (4) 고무 모델링 마스크 제거 및 정리

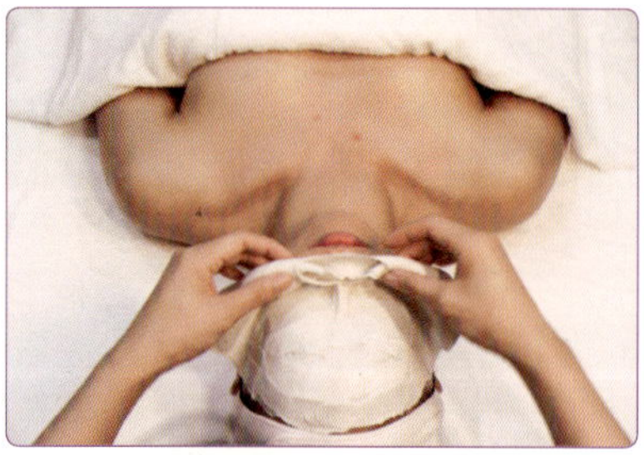

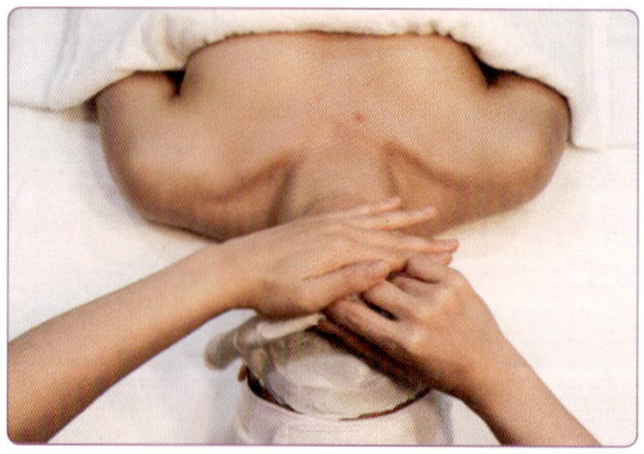

① 모델링 마스크는 턱에서 이마 방향으로 돌려주며 제거한다.

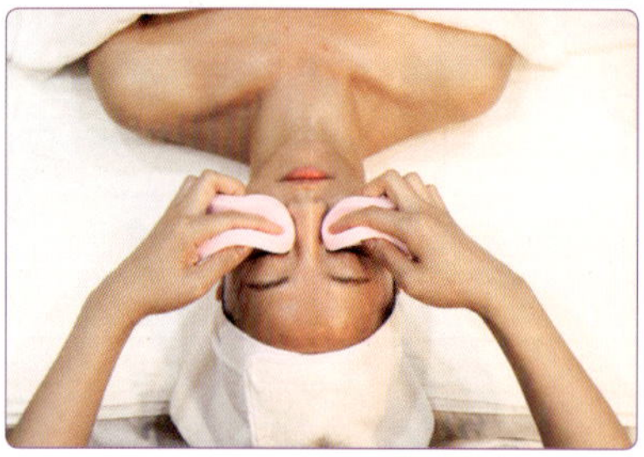

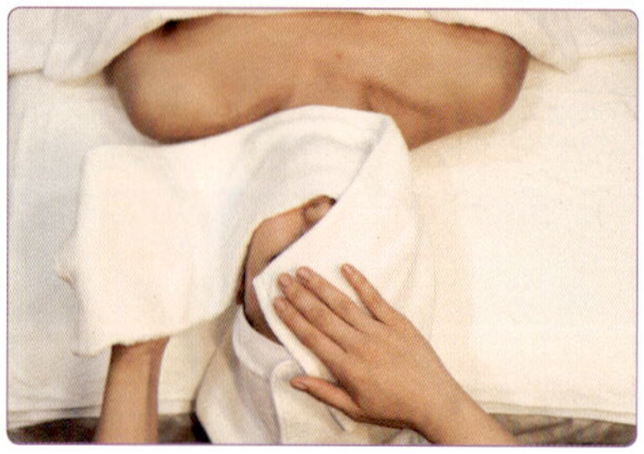

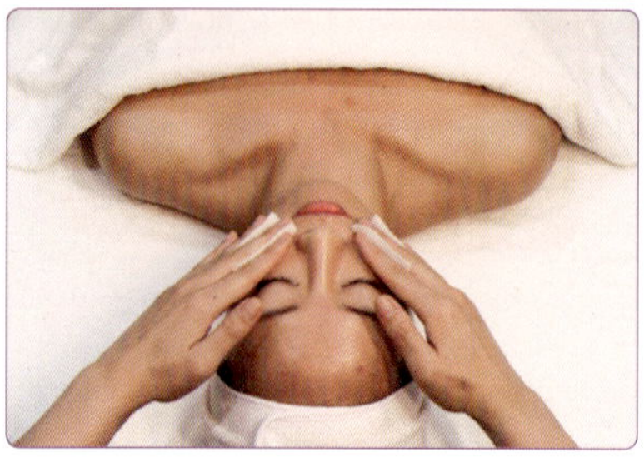

② 해면

③ 냉습포

④ 토너 정리 앞과 동일

## 2. 석고 마스크

### (1) 석고 베이스 크림 및 거즈 준비

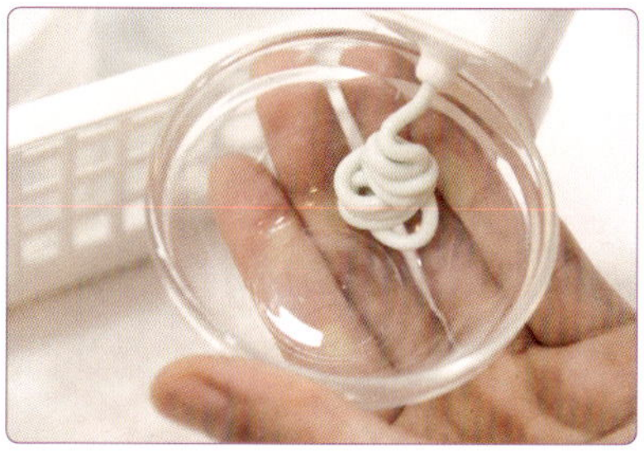

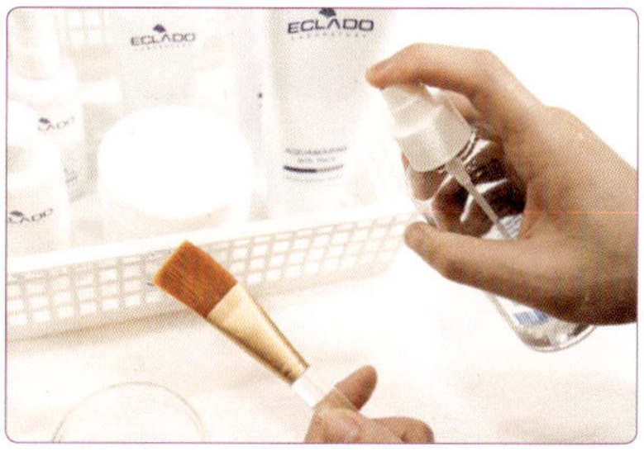


① 유리볼에 석고 베이스 크림을 덜어 준비한다.

### (2) 립앤아이 크림

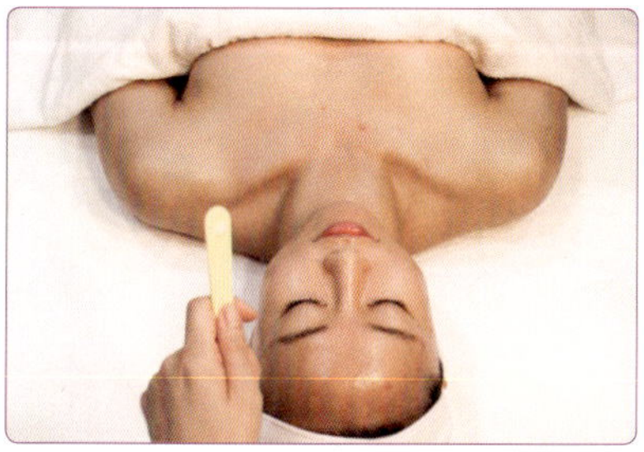

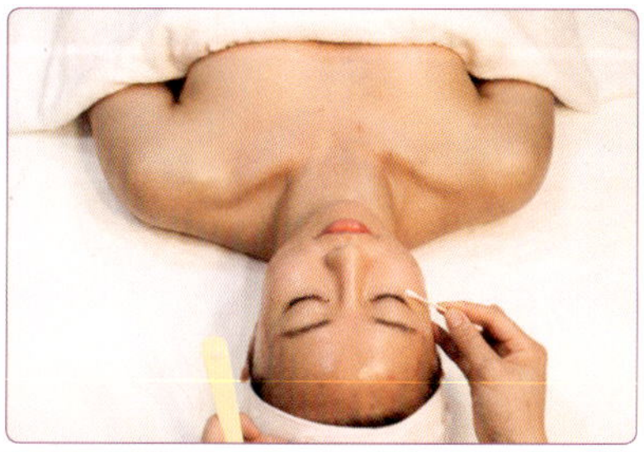

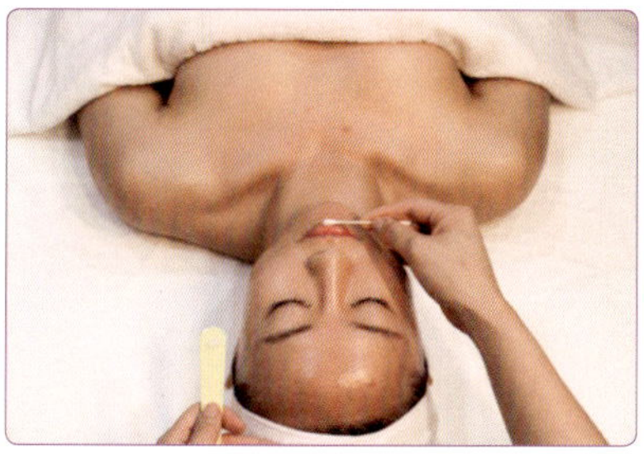

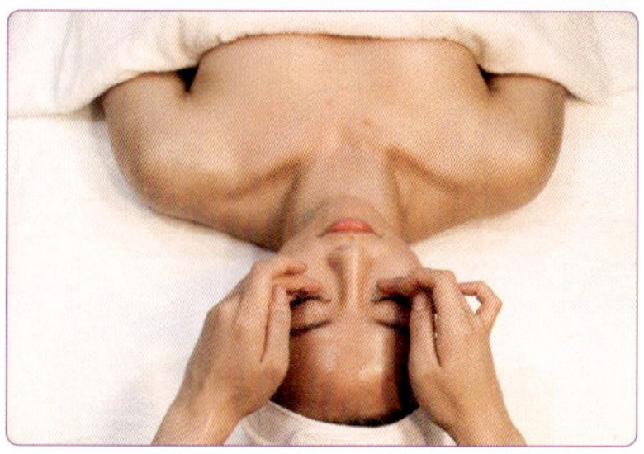

① 립앤아이 크림을 스파츌라에 덜어 면봉으로 바른 후 3지를 이용하여 흡수시킨다.

## (3) 석고 베이스 크림 및 거즈 도포

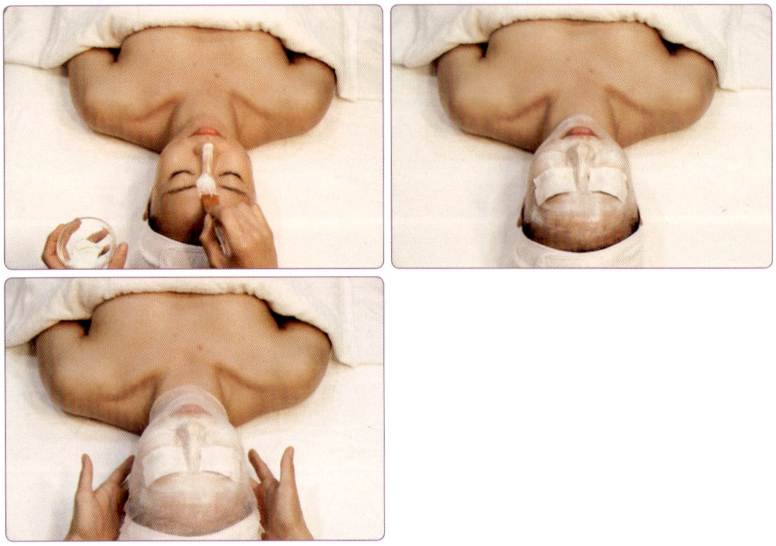

① 석고 베이스 크림을 피부 결에 따라 얼굴 전체, 턱 밑까지 충분히 바른다.

② 아이패드를 한 후 거즈를 얼굴 전체에 밀착시킨다.

## (4) 석고 마스크 준비

① 고무볼에 석고를 물에 개어 적절한 농도로 준비한다.

## (5) 석고 마스크 도포

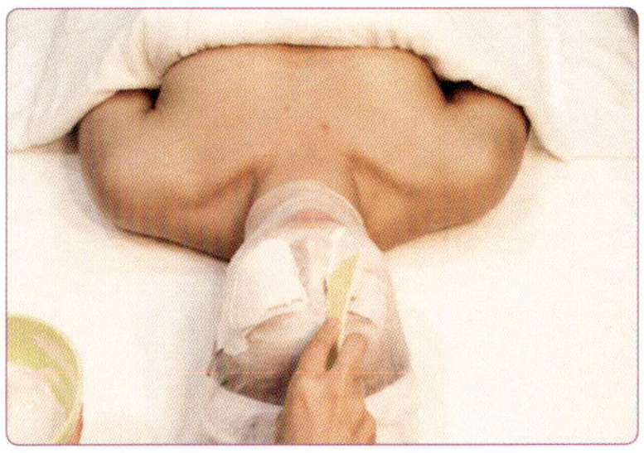
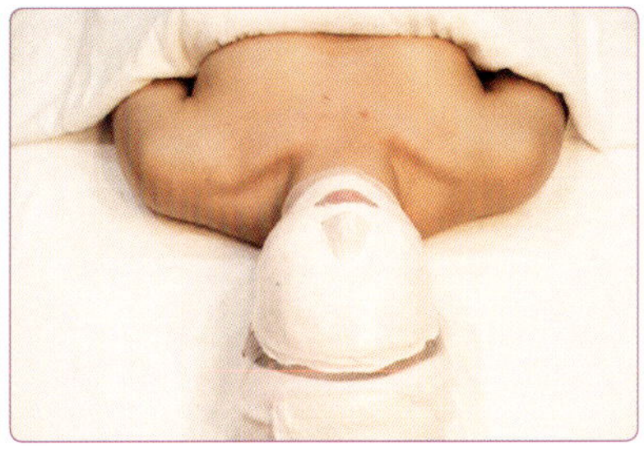

① 눈→ 볼 → 이마 → 코 → 턱 → 가장자리 순으로 발라 마무리한다.

## (6) 석고 마스크 제거 및 정리

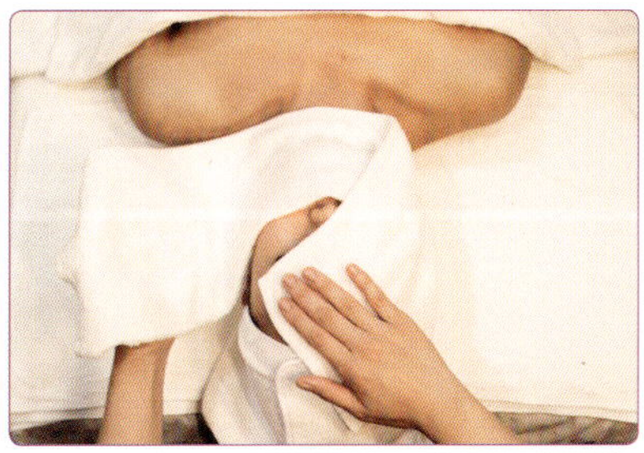

① 석고 마스크를 양 손으로 감싸 살며시 움직이며 제거한다.
② 해면
③ 냉습포

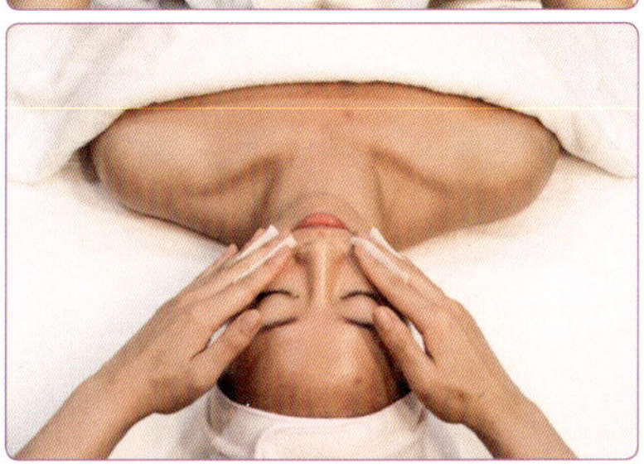
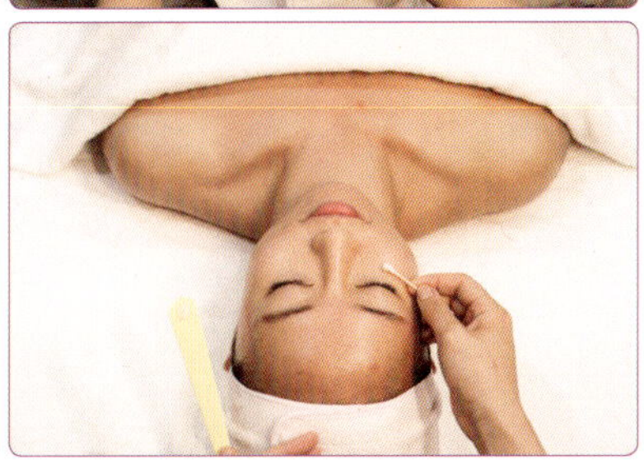

④ 토너 정리 앞과 동일
⑤ 면봉을 이용해 립앤아이 크림을 발라준다.

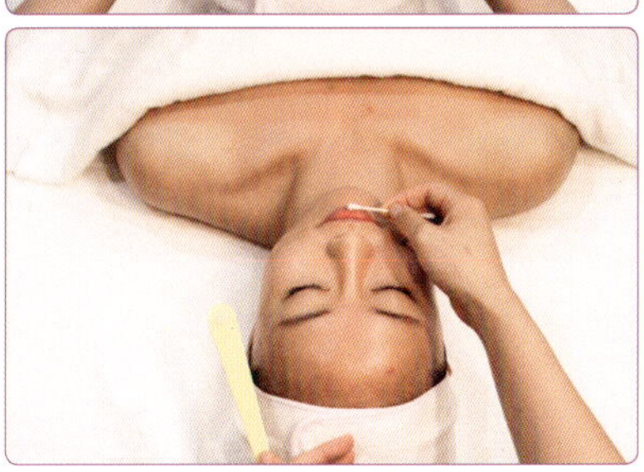
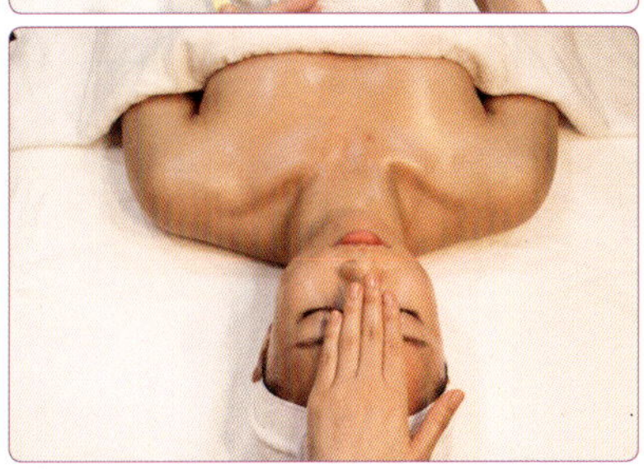

⑥ 마무리 크림을 발라준다.

# 부 록

# 부 록

## 1. 클렌징

### (1) 터번 착용하기

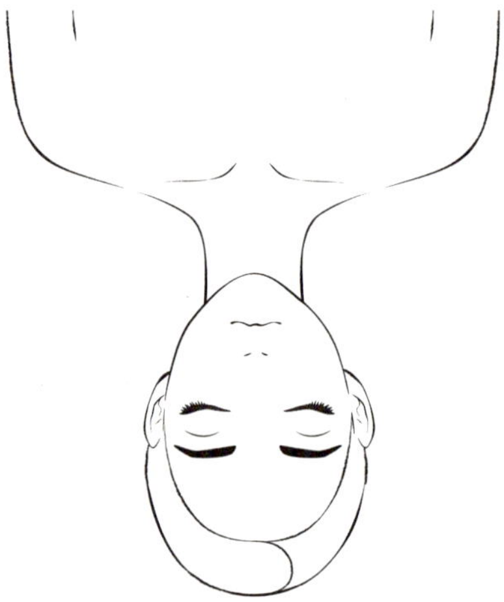

### (2) 손 소독하기

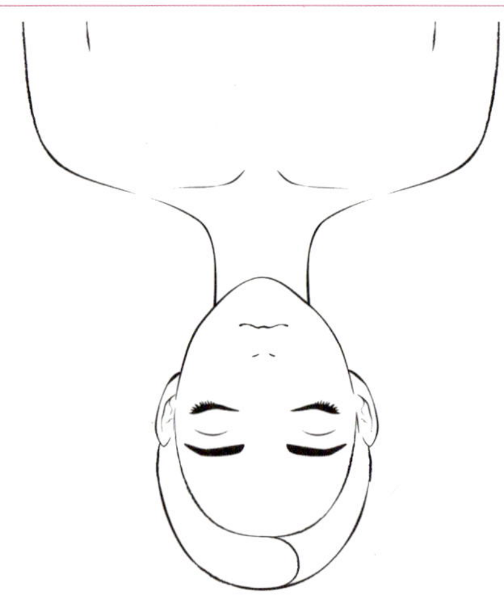

## (3) 포인트 클렌징 준비 및 도포

| | |
|---|---|
|  | |
|  | |

## (4) 포인트 클렌징 동작

| | |
|---|---|
| 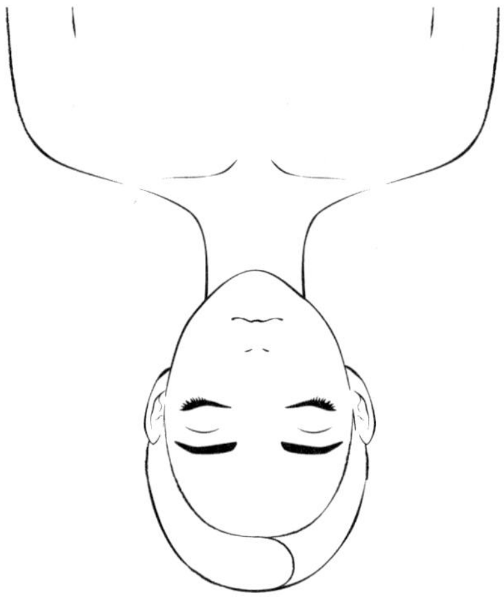 | ① 아이 메이크업 지우기 |
| 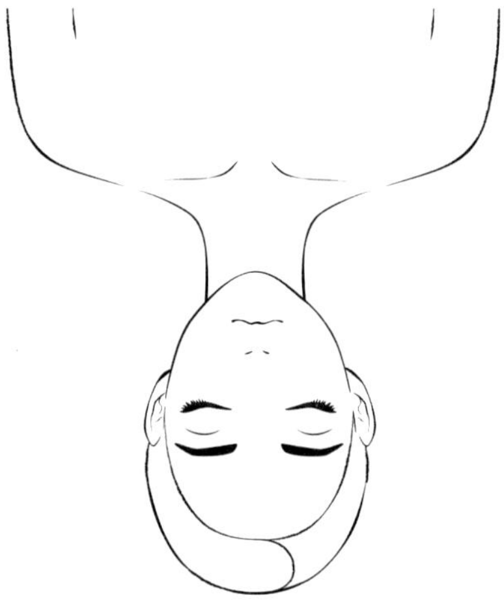 | ② 아이 메이크업 면봉 이용하여 지우기 |
| 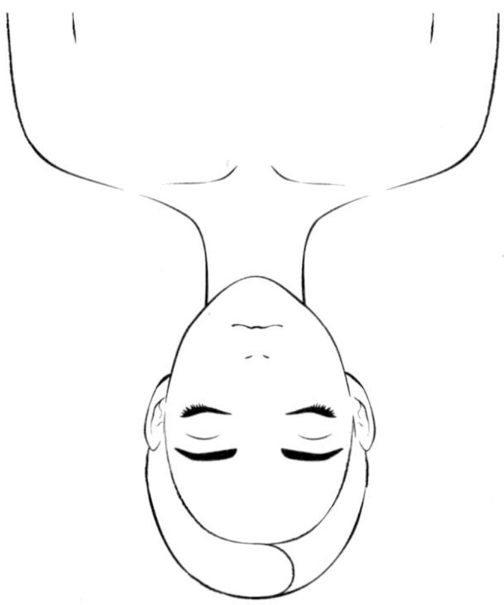 | ③ 립 메이크업 지우기 |

| | |
|---|---|
| 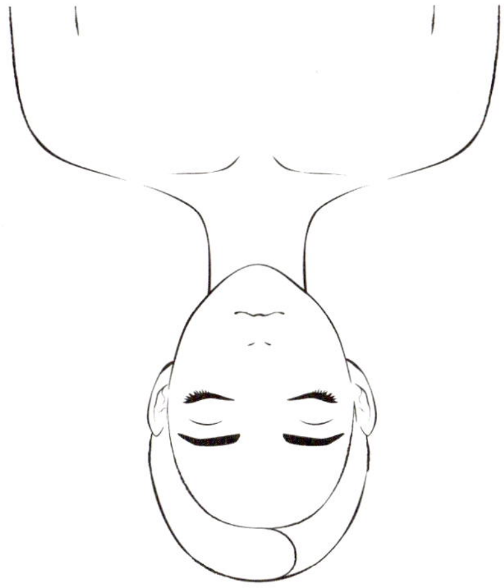 | ④ 립 메이크업 면봉 이용하여 지우기 |

## (5) 클렌징 로션 준비 및 도포

| | |
|---|---|
| 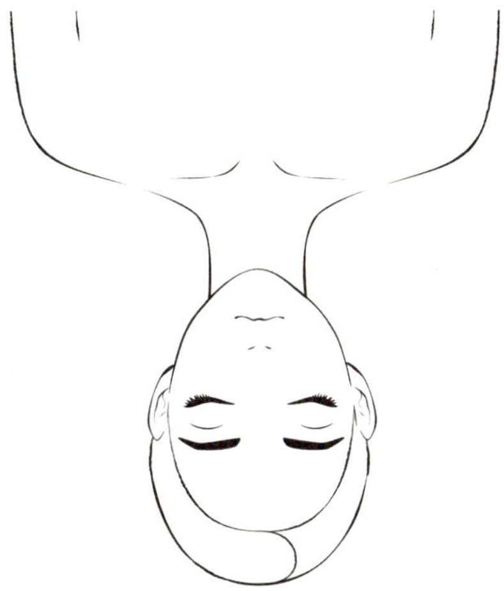 | ① 클렌징 로션 준비 |
| 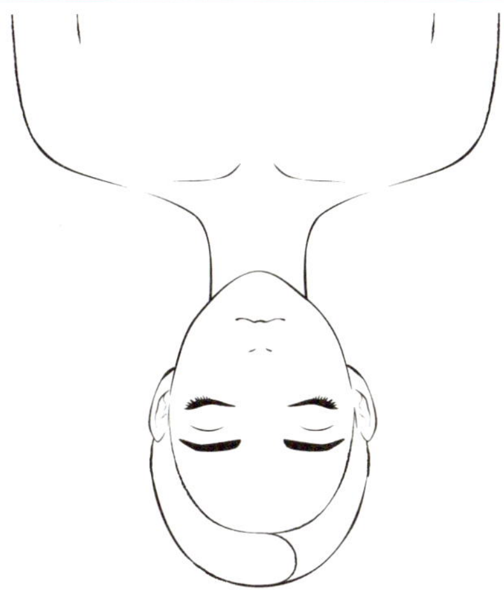 | ② 클렌징 로션 얼굴 1차 도포 |

| | |
|---|---|
| 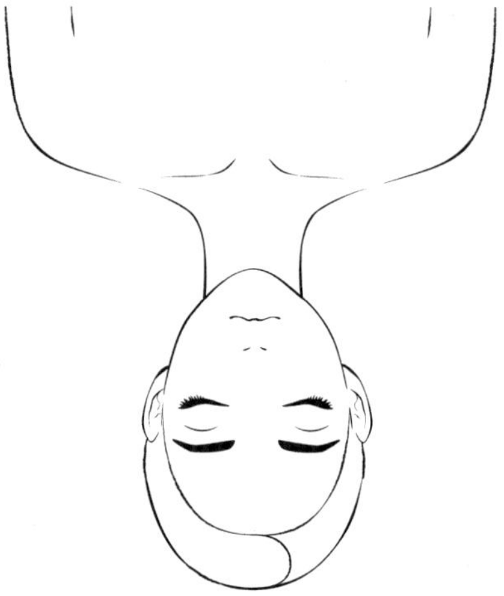 | ③ 클렌징 로션 데콜테 & 목 도포 |
| 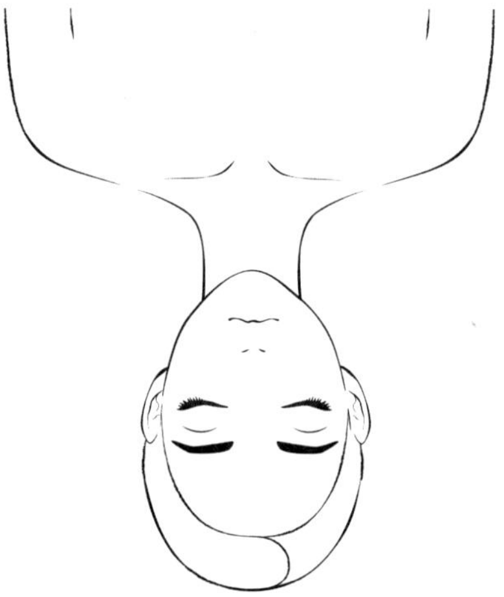 | ④ 클렌징 로션 얼굴 2차 도포 |

## (6) 클렌징 동작

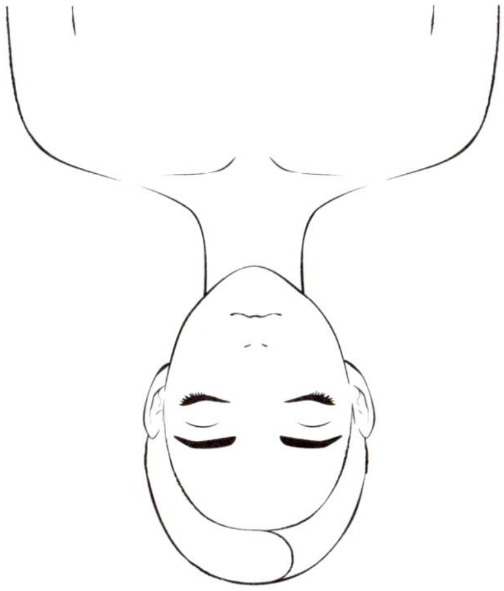

① 데콜테

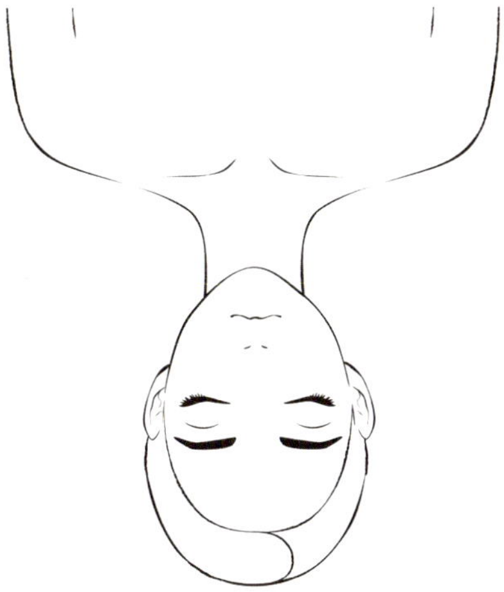

② 목

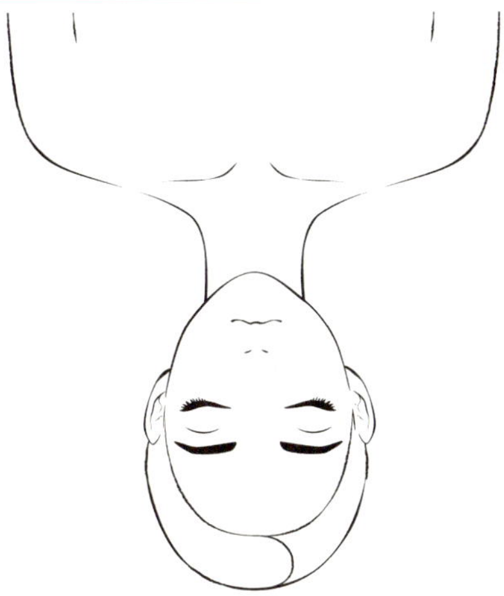

③ 턱 & 입술 & 볼

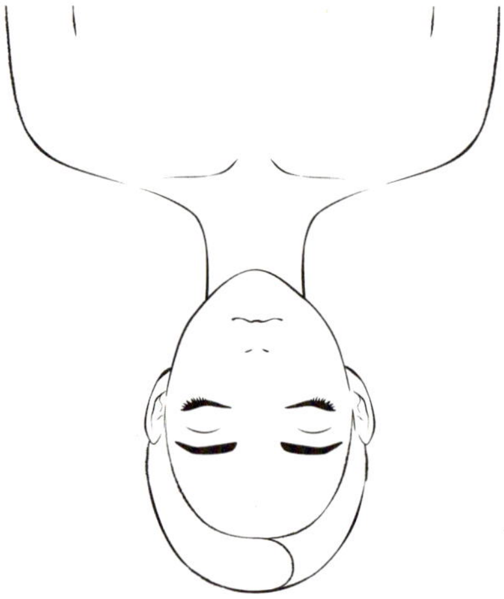

④ 코 & 눈 & 이마

## (7) 티슈 동작

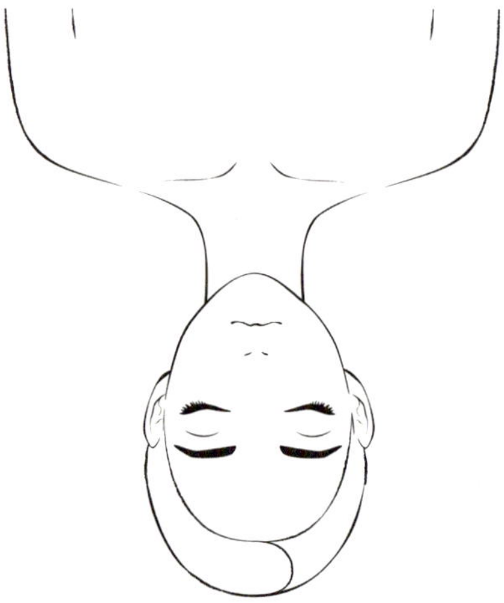

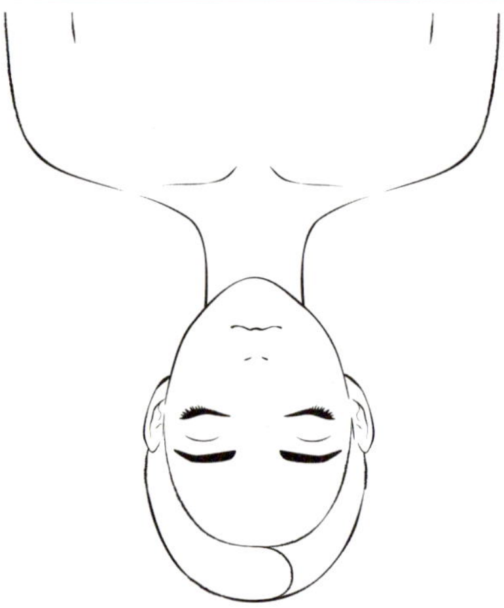

(8) 해면 동작

| | |
|---|---|
| 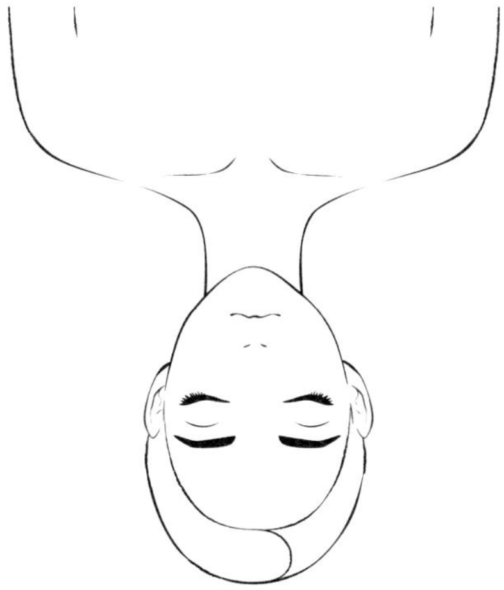 | |
| 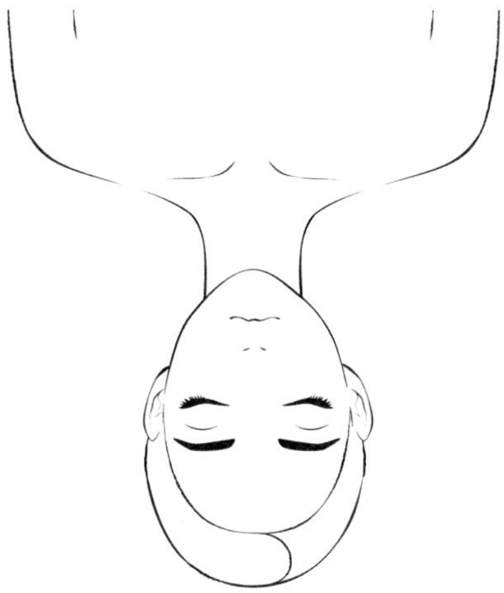 | |
| 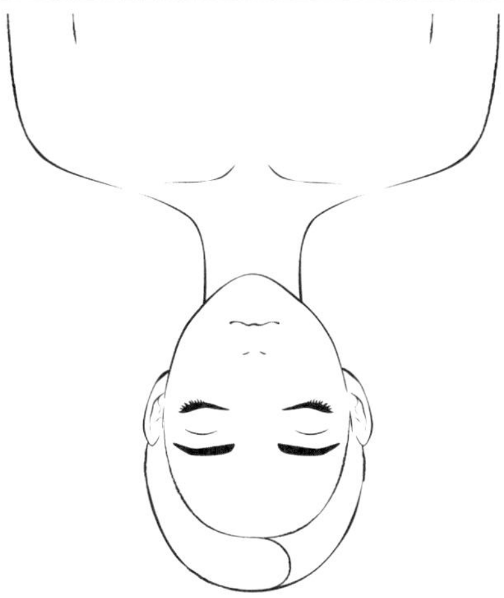 | |

(9) 해면 정리

(10) 온습포 준비

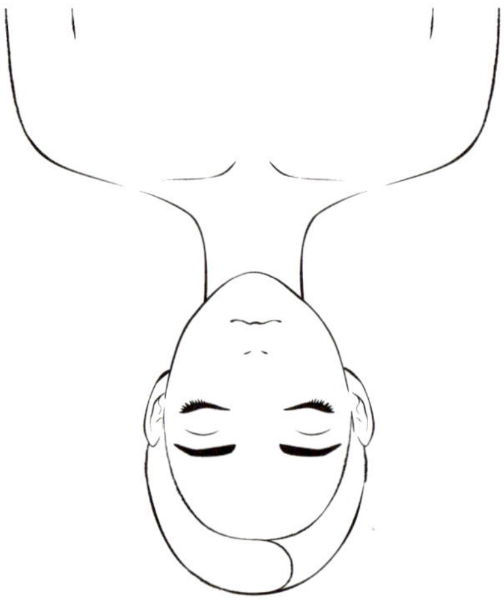

## (11) 온습포 동작

| | |
|---|---|
| 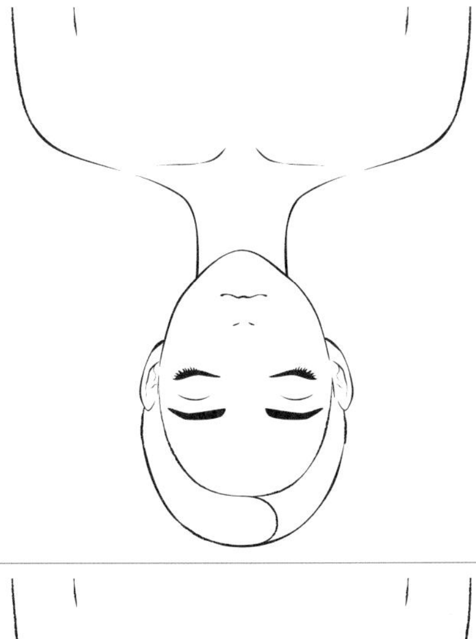 | |
|  | |
| 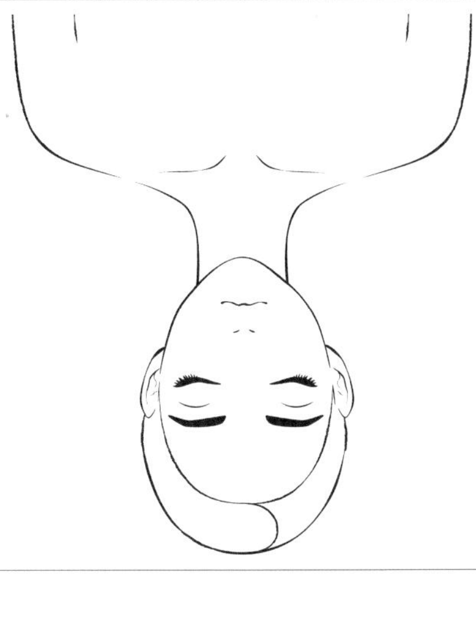 | |

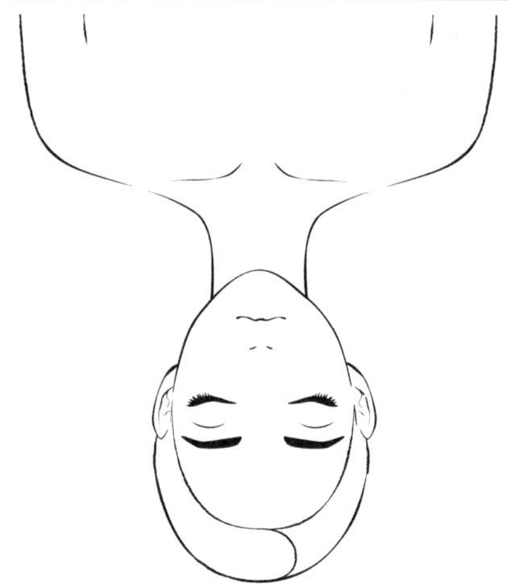

(12) 온습포 정리

(13) 토너 동작

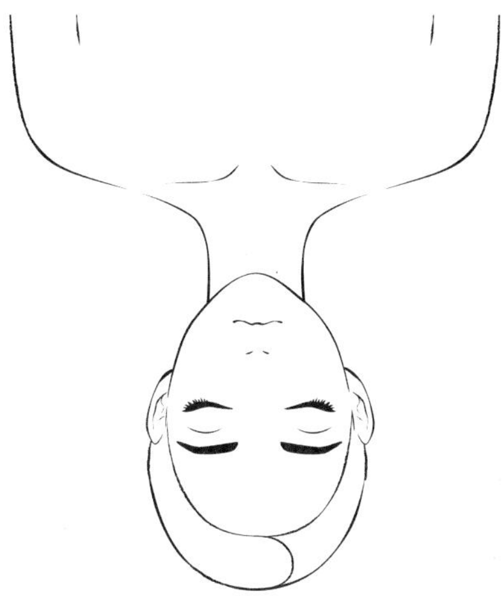

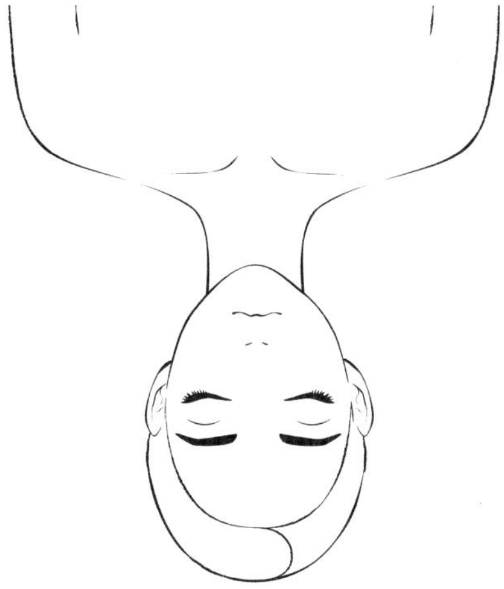

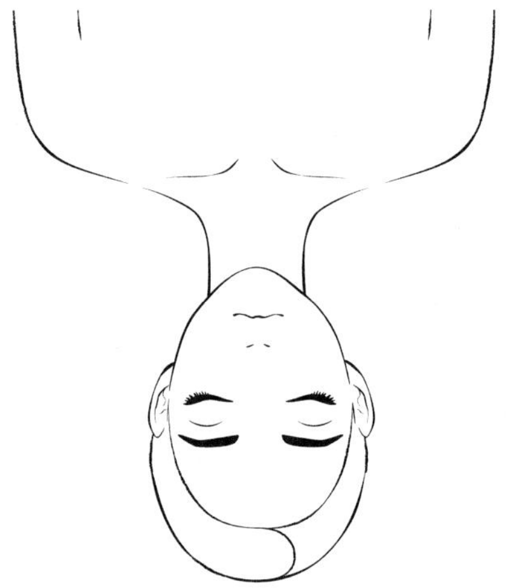

## 2. 눈썹정리

(1) 도구 준비

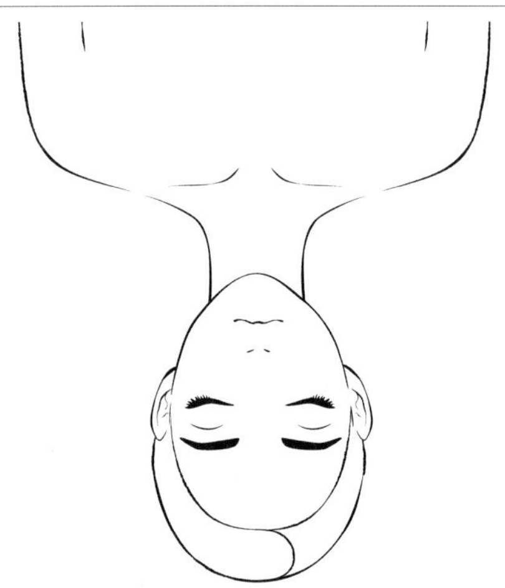

## (2) 눈썹정리 준비

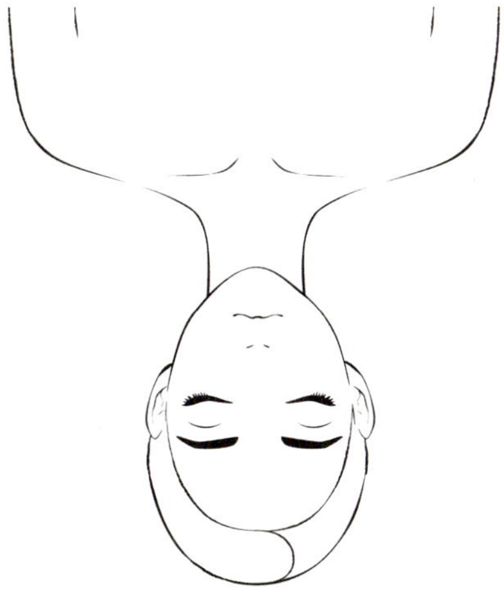

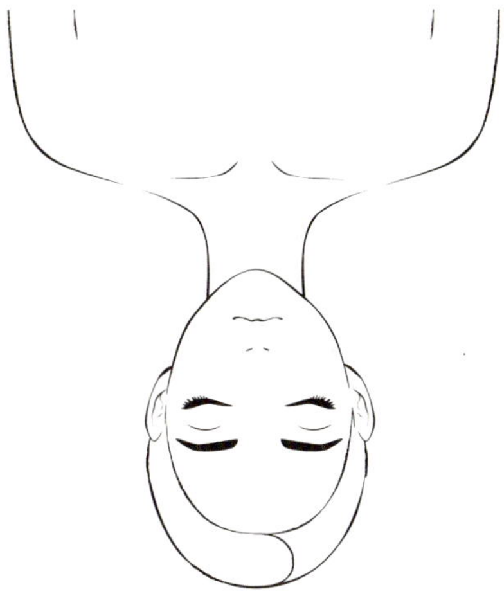

(3) 눈썹정리 동작

| | |
|---|---|
|  | |
| 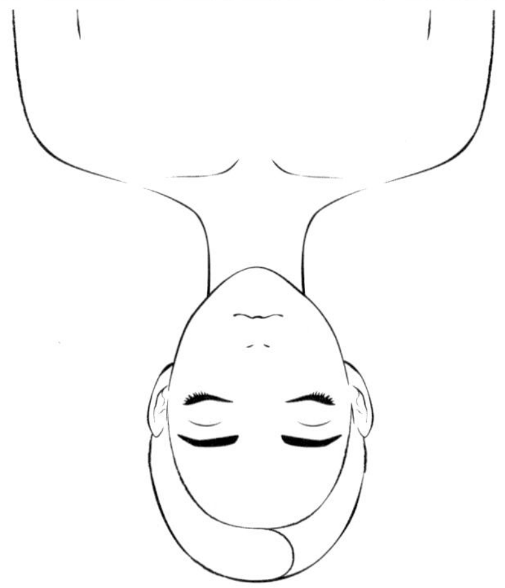 | |

## 3. 딥클렌징

### (1) 스크럽

| | |
|---|---|
|  | ① 스크럽 도포 |
| 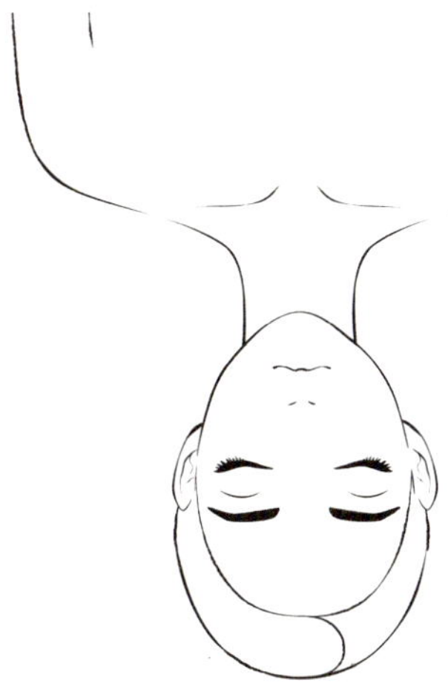 | |
| 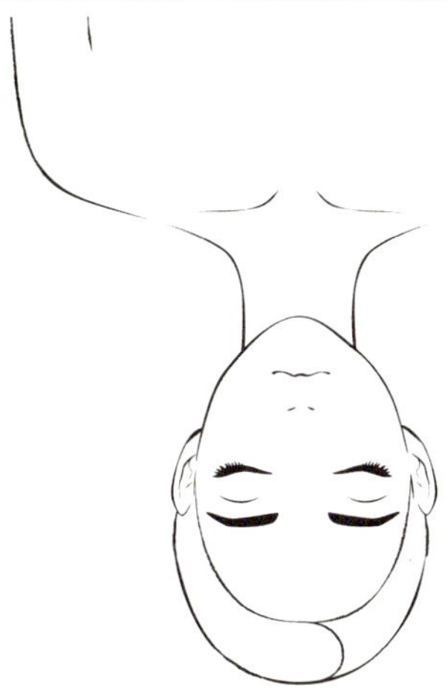 | ② 스크럽 동작 |

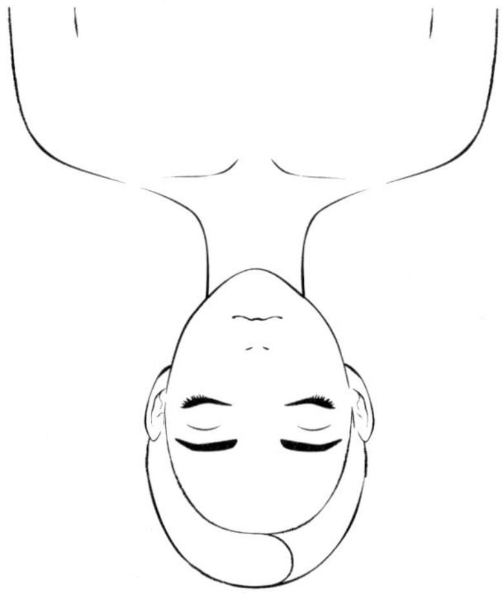

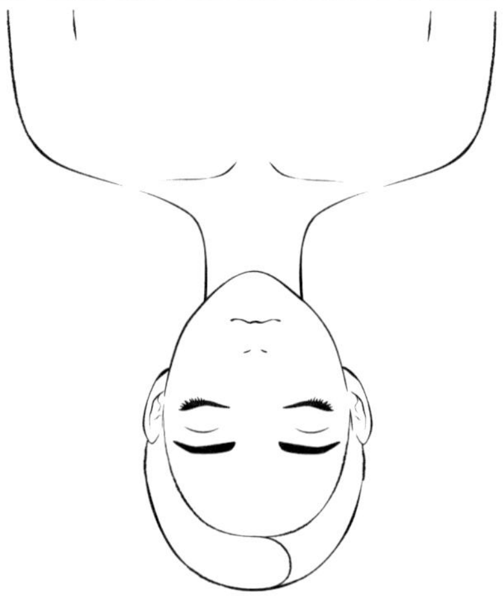

③ 스크럽 정리

## (2) 고마쥐

| | |
|---|---|
| 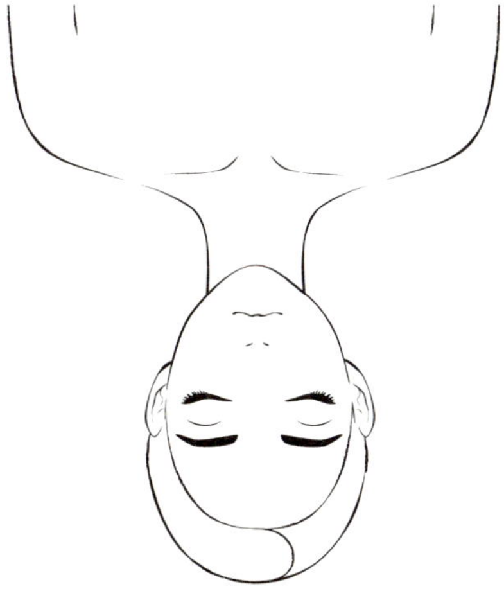 | ① 고마쥐 도포 |
| 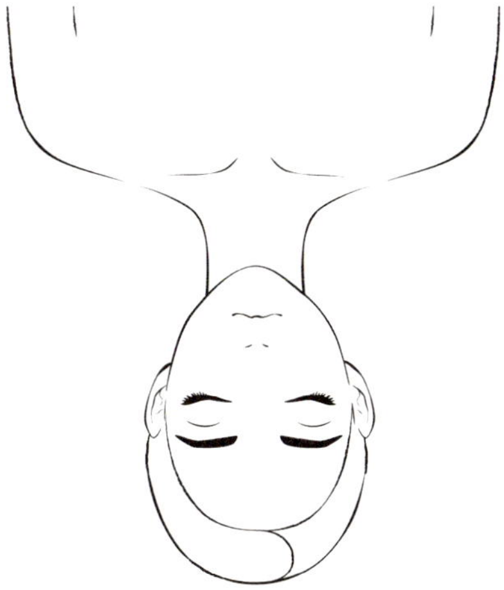 | |
| 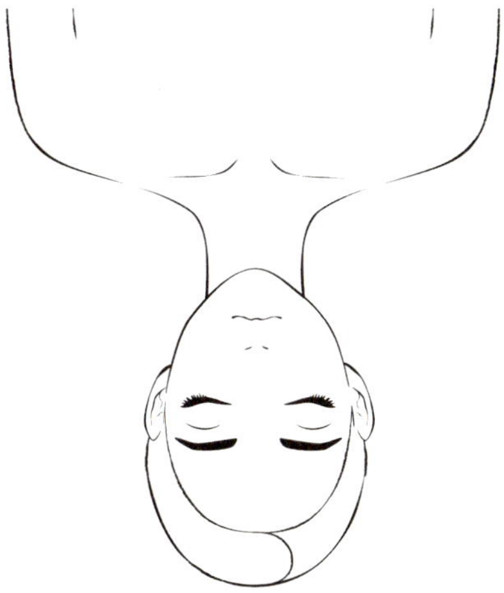 | ② 고마쥐 동작 |

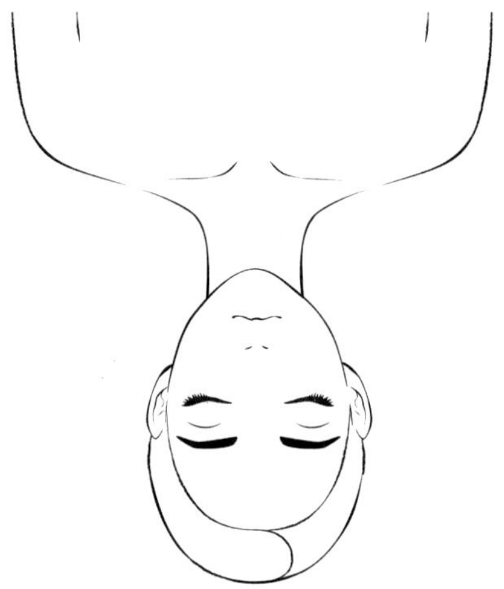

③ 고마쥐 정리

## (3) 효소

| | |
|---|---|
| 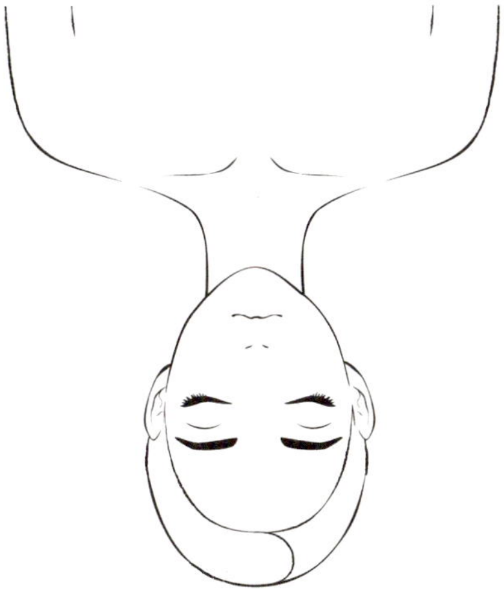 | ① 효소 도포 |
| 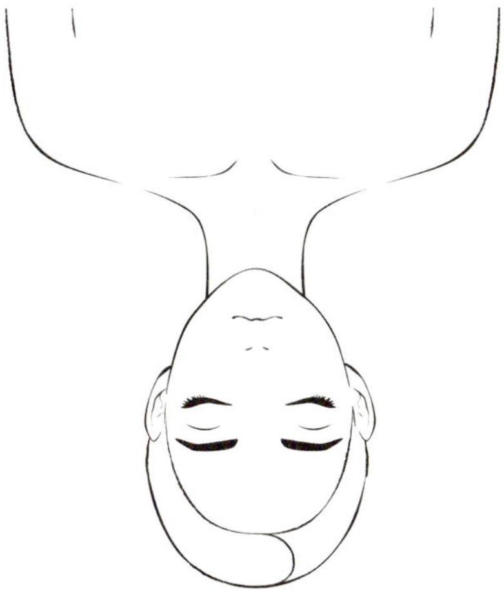 | |
| 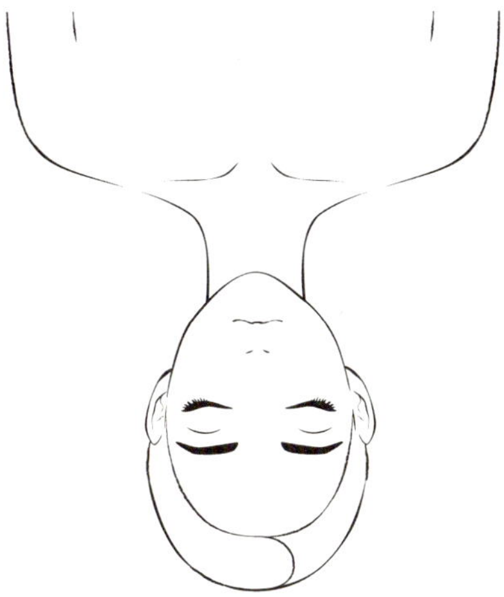 | ② 효소 정리 |

## (4) AHA

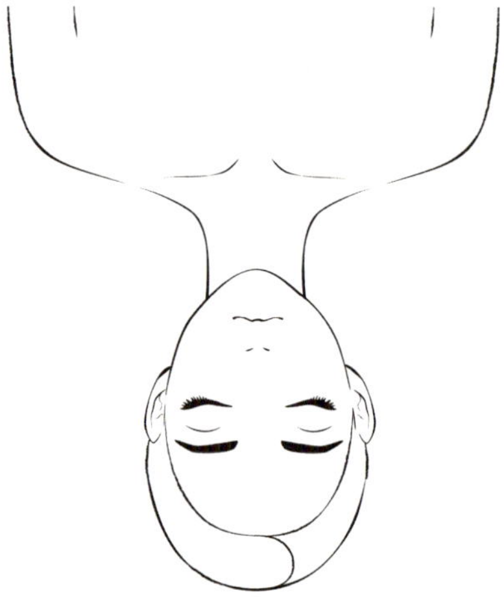

① AHA 도포

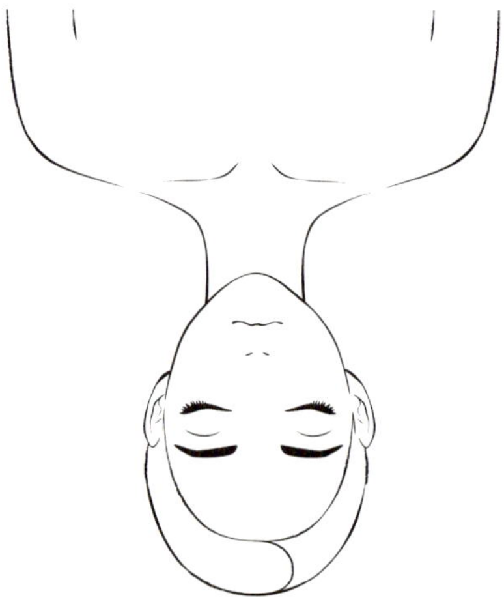

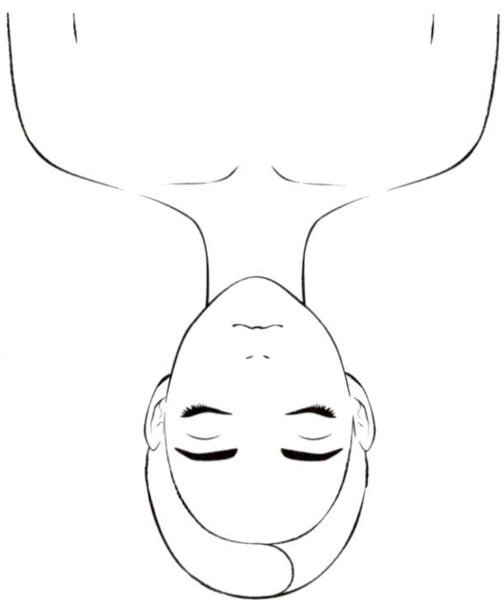

② AHA 정리

## 4. 매뉴얼 테크닉

### (1) 매뉴얼 테크닉 준비

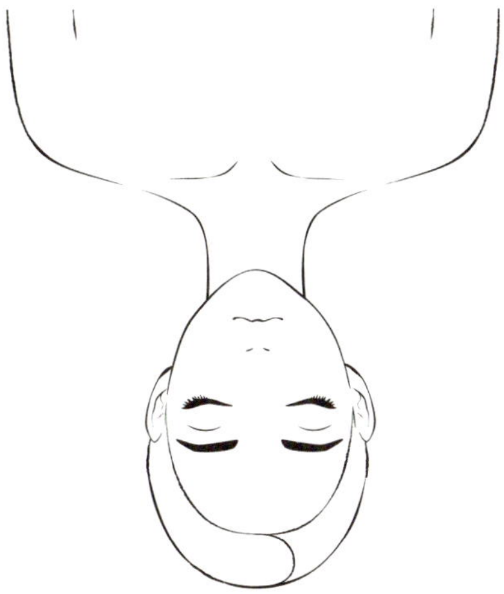

## (2) 매뉴얼 테크닉 동작

| | |
|---|---|
| 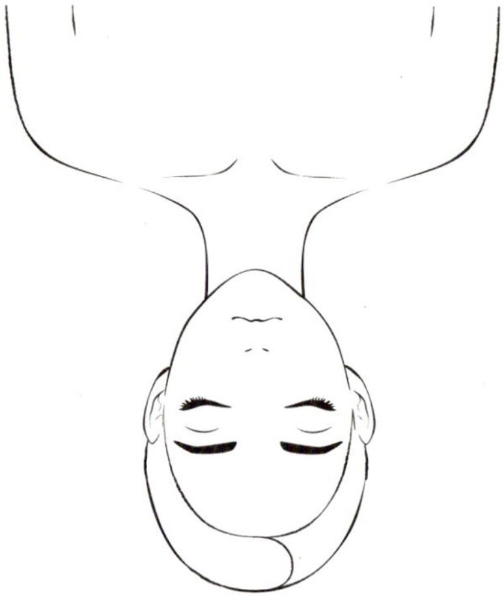 | ① 데콜테 |
| 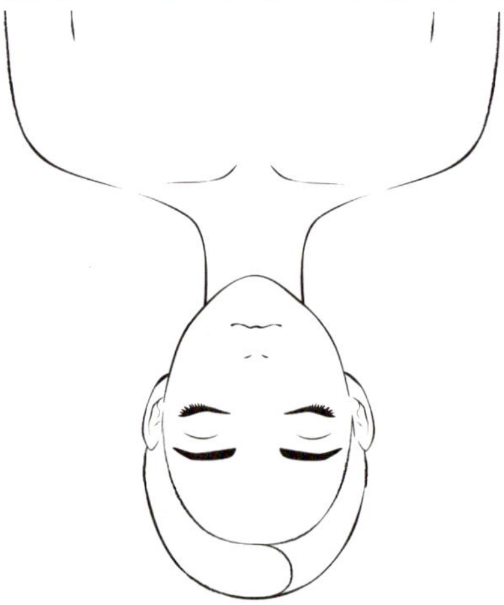 | ② 목 |
| 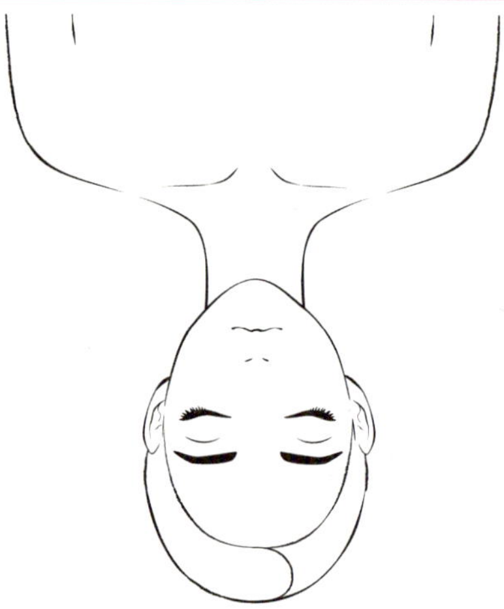 | ③ 턱 |

| | |
|---|---|
| 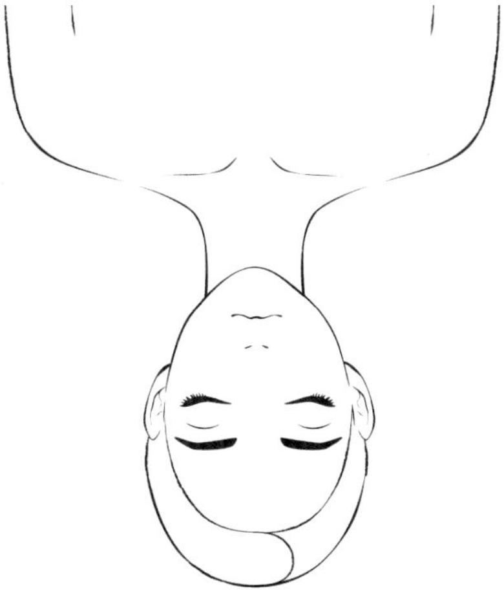 | ④ 입 주변 |
| 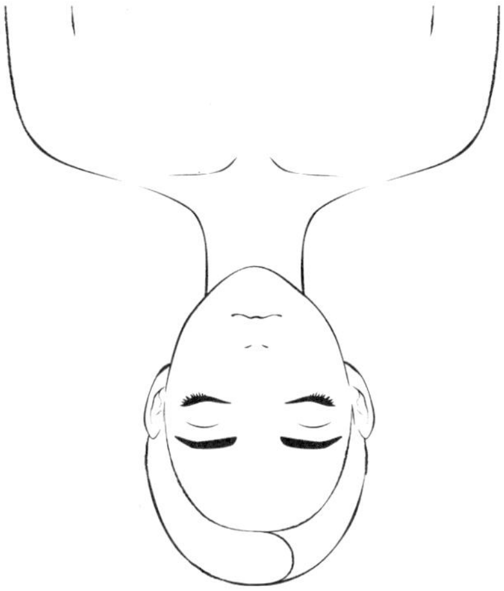 | ⑤ 볼 |
| 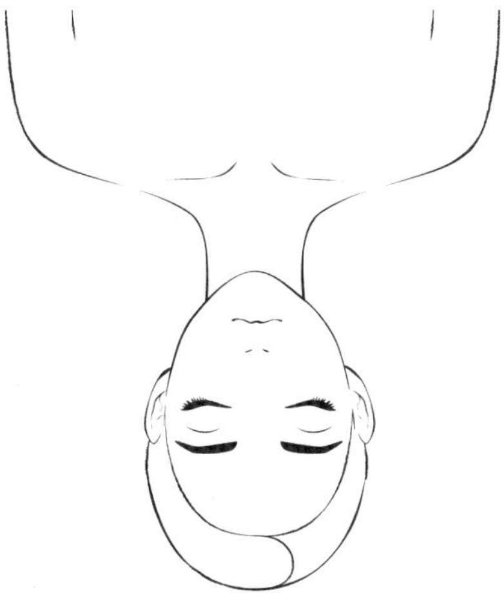 | ⑥ 한쪽 볼 |

| | |
|---|---|
|  | ⑦ 코 |
|  | ⑧ 눈 |
| 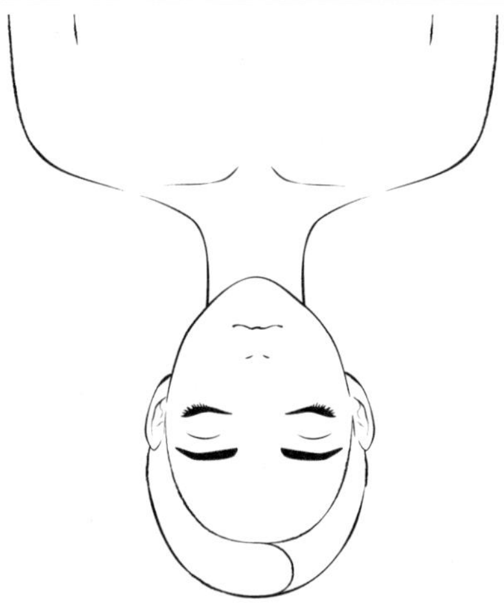 | ⑨ 눈썹 |

| | |
|---|---|
|  | ⑩ 이마 |
|  | ⑪ 전체 마무리 |

## 5. 팩

### (1) 팩 준비

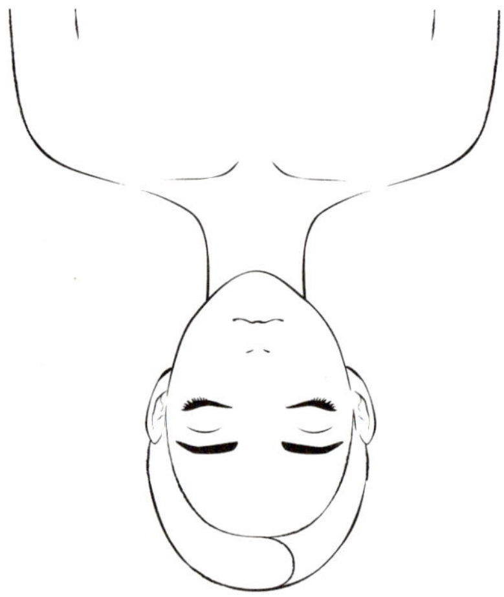

### (2) 립앤아이 크림 도포

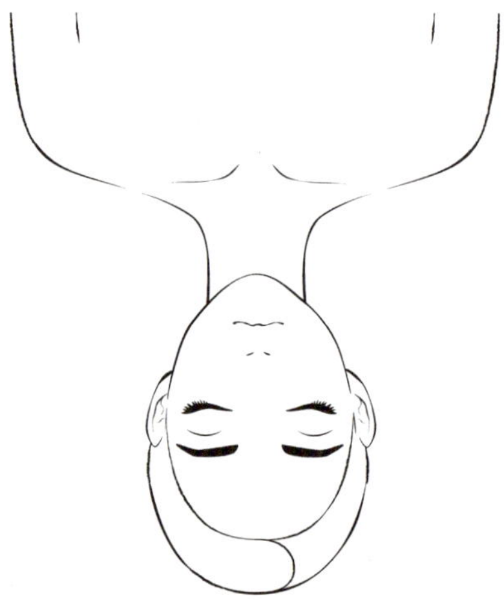

## (3) 팩 도포

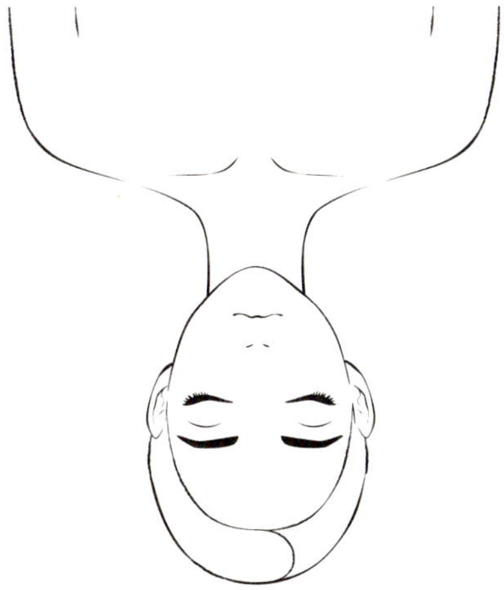

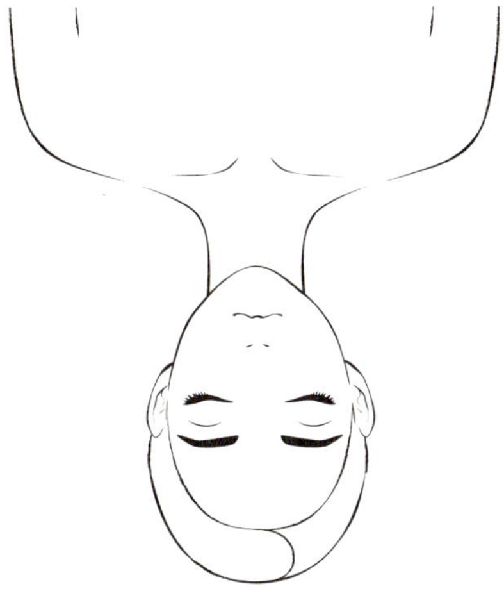

(4) 팩 제거 및 정리

| | |
|---|---|
| 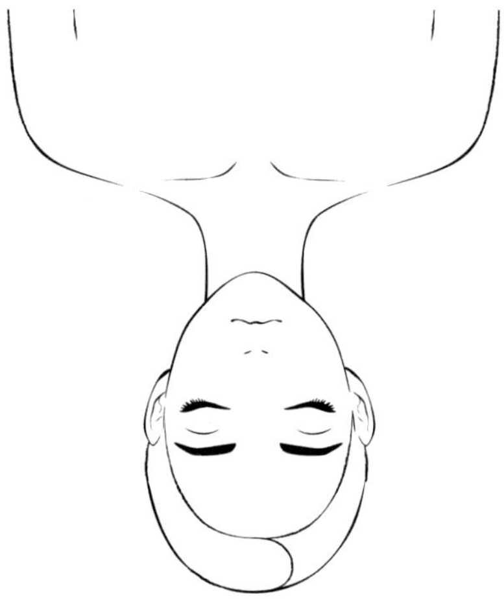 | |
| 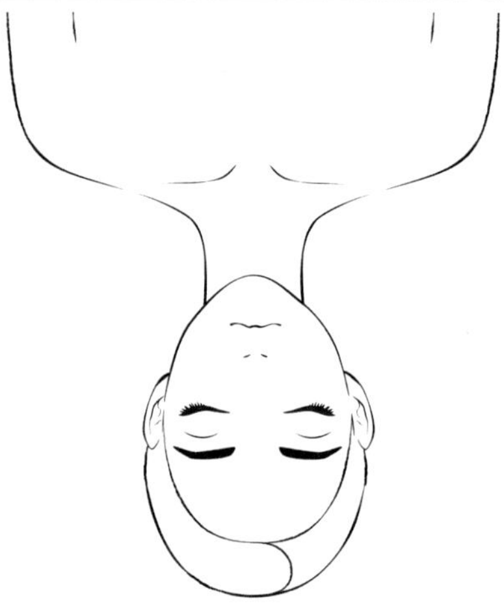 | |

## 6. 마스크

### (1) 고무 모델링 마스크

| | |
|---|---|
| 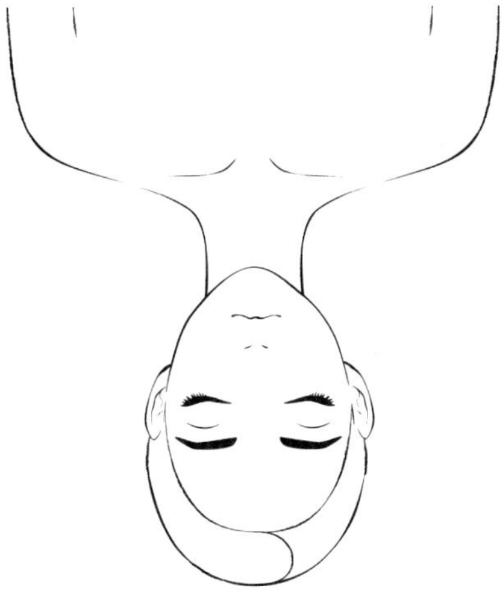 | ① 립앤아이 크림 도포 |
| 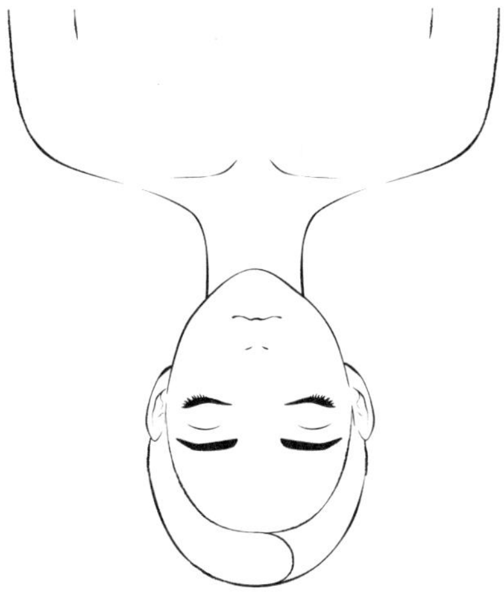 | ② 아이패드 및 고무 모델링 마스크 준비 |
| 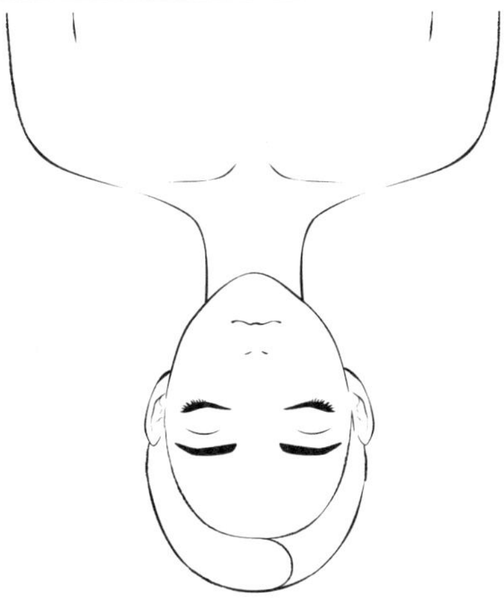 | ③ 고무 모델링 마스크 도포 |

| 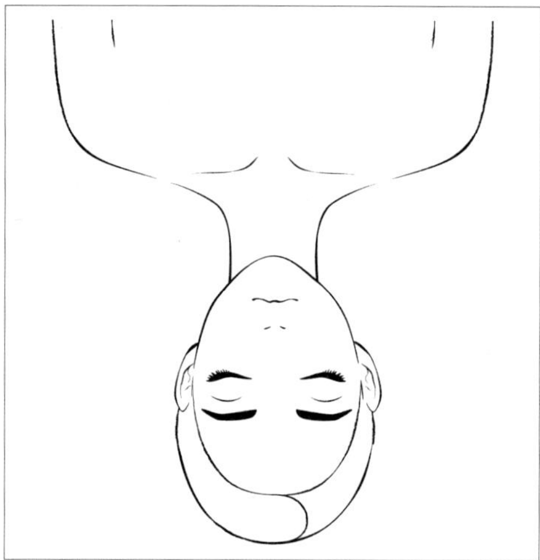 | ④ 고무 모델링 마스크 제거 및 정리 |
|---|---|

## (2) 석고 마스크

| | |
|---|---|
| 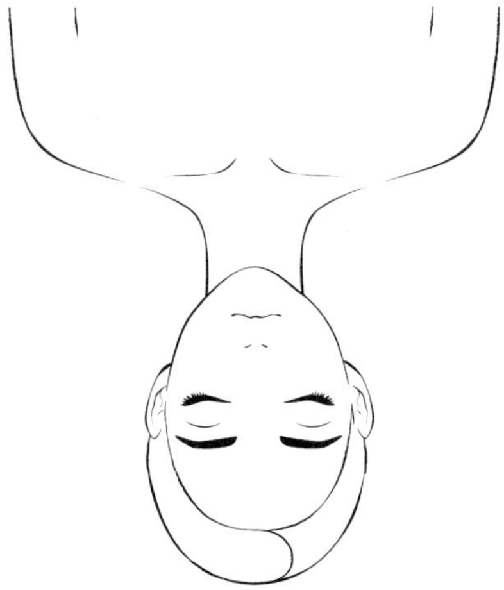 | ① 석고 베이스 크림 및 거즈 준비 |
| 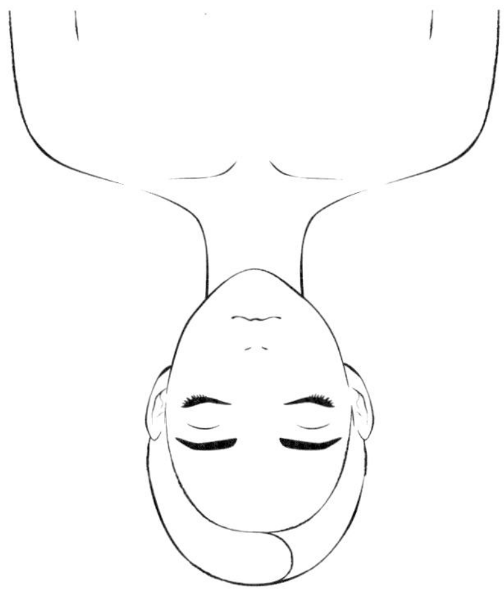 | ② 립앤아이 크림 |
| 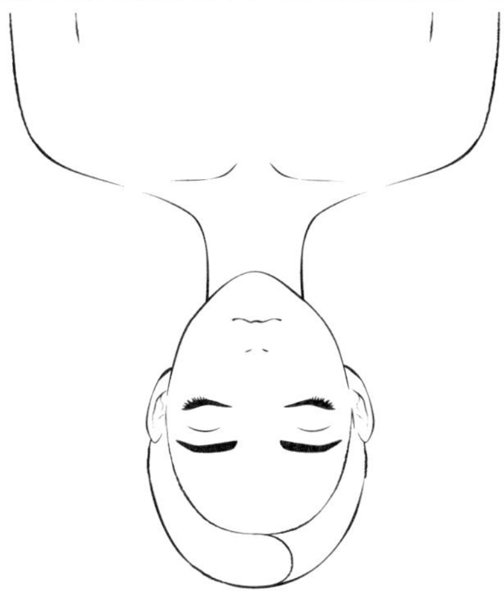 | ③ 석고 베이스 크림 및 거즈 도포 |

| | |
|---|---|
| 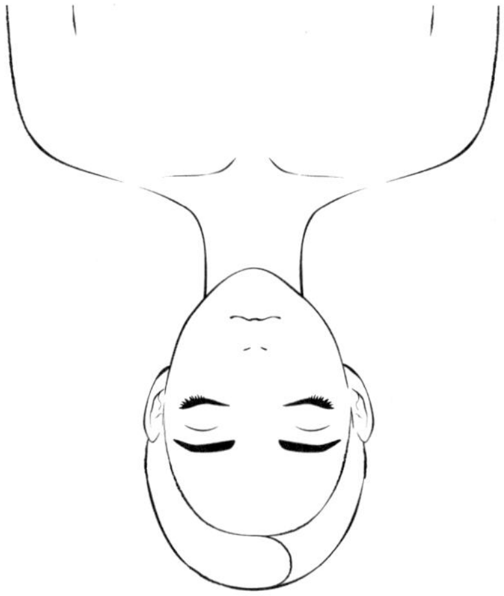 | ④ 석고 마스크 준비 |
| 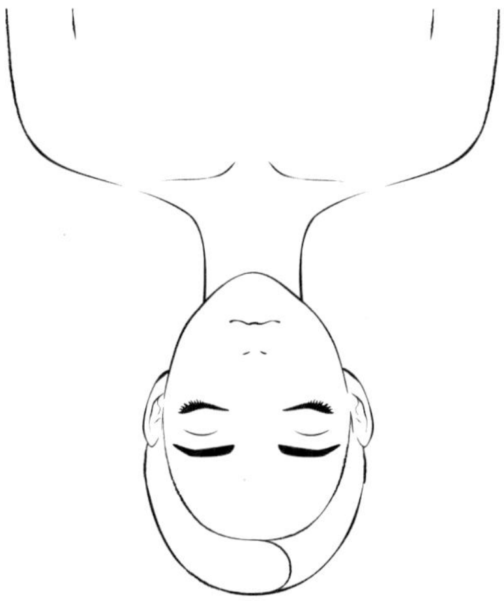 | ⑤ 석고 마스크 도포 |
| 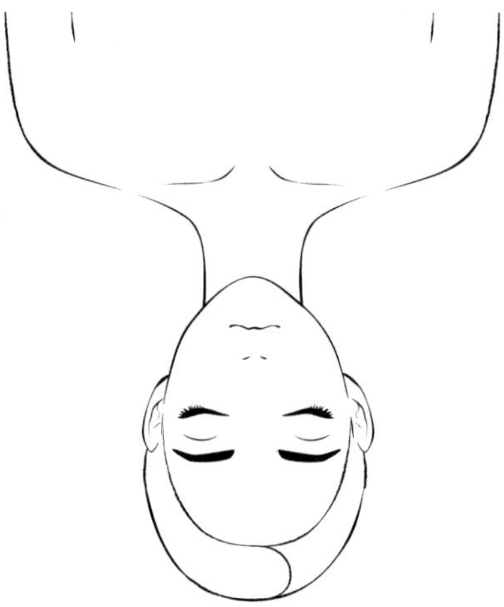 | ⑥ 석고 마스크 제거 및 정리 |

[차트]

<table>
<tr><th colspan="4">관리계획 차트</th></tr>
<tr><td colspan="2">비번호</td><td>형별</td><td>시험일자</td></tr>
<tr><td>관리목적</td><td colspan="3"></td></tr>
<tr><td>기대효과</td><td colspan="3"></td></tr>
<tr><td colspan="2">클렌징</td><td colspan="2">□ 오일 □ 크림 □ 밀크/로션 □ 젤</td></tr>
<tr><td colspan="2">딥클렌징</td><td colspan="2">□ 고마쥐 □ 효소 □ AHA □ 스크럽</td></tr>
<tr><td colspan="2">매뉴얼 테크닉 제품 타입</td><td colspan="2">□ 오일 □ 크림</td></tr>
<tr><td colspan="2">손을 이용한 관리 형태</td><td colspan="2">□ 일반 □ 림프</td></tr>
<tr><td rowspan="3">팩</td><td>T존</td><td colspan="2">□ 건성타입 □ 정상타입 □ 지성타입</td></tr>
<tr><td>U존</td><td colspan="2">□ 건성타입 □ 정상타입 □ 지성타입</td></tr>
<tr><td>목</td><td colspan="2">□ 건성타입 □ 정상타입 □ 지성타입</td></tr>
<tr><td>마스크</td><td colspan="3">□ 석고마스크 □ 고무모델링마스크</td></tr>
<tr><td rowspan="4">고객<br>관리<br>계획</td><td>1주</td><td colspan="2"></td></tr>
<tr><td>2주</td><td colspan="2"></td></tr>
<tr><td>3주</td><td colspan="2"></td></tr>
<tr><td>4주</td><td colspan="2"></td></tr>
<tr><td rowspan="3">자가<br>관리<br>조언</td><td rowspan="2">제품</td><td>아침</td><td></td></tr>
<tr><td>저녁</td><td></td></tr>
<tr><td>기타</td><td colspan="2"></td></tr>
</table>

# 참고 문헌


- 권혜영 외 4인, "NCS를 기반으로 한 기초 에스테틱", 메디시언, 2017.
- 김기연 외 공저, "미용인을 위한 인체해부생리학", 현문사, 2012.
- 이성내 외 2인, "한 번에 합격하는 피부미용사 실기시험문제", 크라운출판사, 2020.
- 조수경 외 공저, "국가직무능력표준 얼굴관리", 메디시언, 2019.
- 하병조, "화장품학", 수문사, 2010.

# 페이셜 트리트먼트

1판 1쇄 인쇄 | 2022년 3월 5일
1판 1쇄 발행 | 2022년 3월 10일

지은이 | 이인희·박의현·차유미·임새미

발행인 | 주병오·주민기

발행처 | 메디시인

경기도 파주시 회동길 209 (파주출판도시)
대표전화 : 031-955-2777, 031-955-7577
팩스 : 031-955-7730
홈페이지 : www.ji-gu.co.kr
E-mail : jigupub@hanmail.net
등록번호 : 2005년 2월 16일
제 406-2005-000045호

ISBN 979-11-90839-55-6 값 22,000원

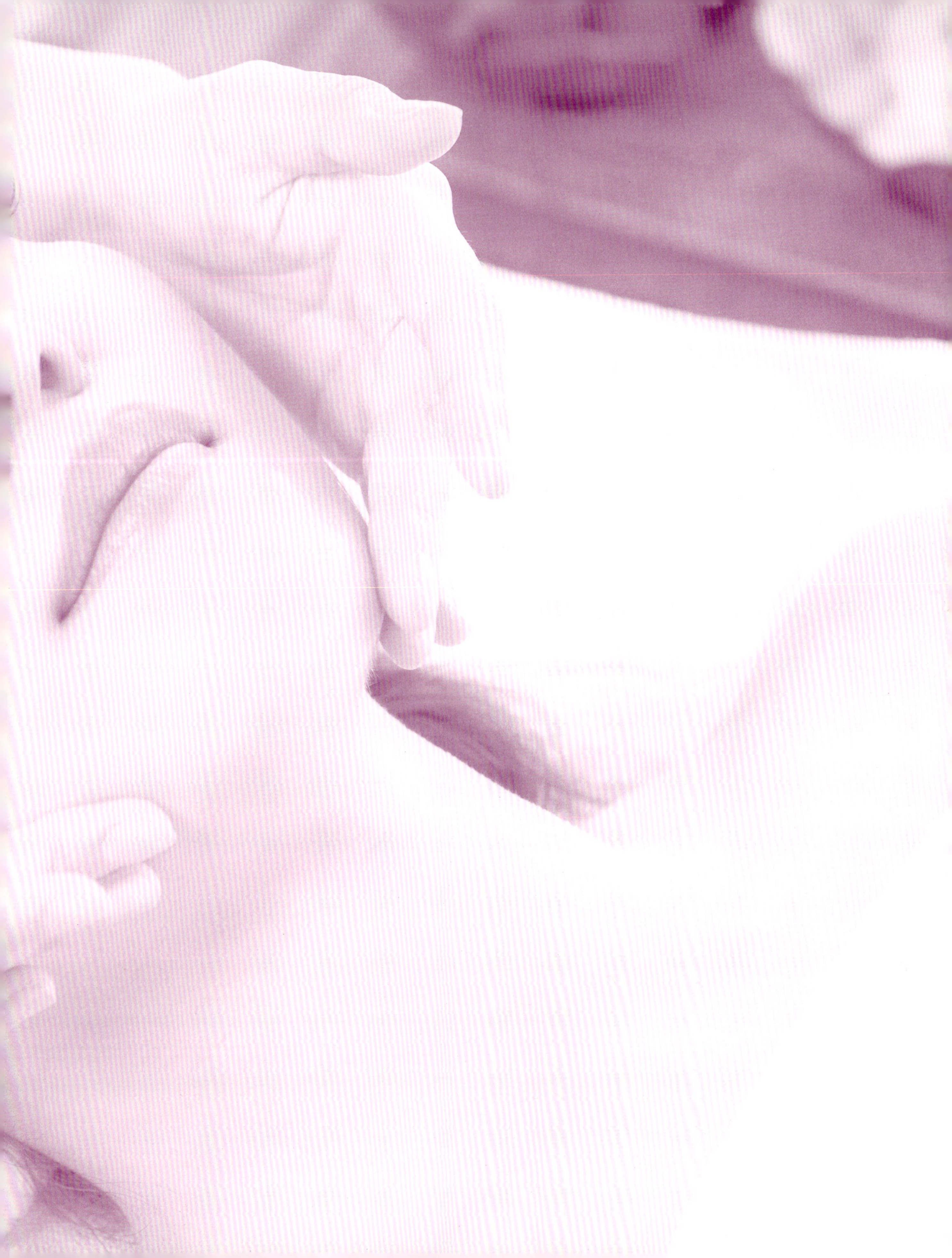